R을 이용한
행렬의 이해와 계산

최 기 헌 지음

자유아카데미

머리말

행렬은 원래 현실적인 문제를 풀기 위한 수단으로 개발되었다. 행렬의 중요한 역할은 수학의 대부분의 분야에서 나오는 계산을 가능하게 한다는 것이다. 특히 응용분야에서는 행렬을 이용함으로써 간결하고 명확하게 계산을 기술할 수 있다. 그런데 어느 사이에 행렬은 추상적인 것이 되었다. 정의, 정리, 증명만 반복하는 학습으로, 학생들이 행렬에 흥미를 잃었기 때문이다.

행렬에 관한 국내외 책들은 많다. 그러나 통계학을 포함한 경제, 경영 등의 사회과학분야와 자연과학분야의 학습 전 과정에 걸쳐 행렬에 대한 효과적이고도 적합한 교재를 찾기는 어렵다. 기존의 책들은 대부분 추상적인 서술로 되어 있어 체계적으로 이해하는 것이 어려웠다. 이 때문에 대부분의 학생들이 행렬에 어려움을 갖게 되었다.

이 책에서는 행렬 개념의 엄밀성보다는 이해에 더 중점을 두었다. 이에 실제 문제에서 활용 가능한 방법으로 전개하고 모든 행렬 계산을 소프트웨어 R로 할 수 있도록 노력하였다. 여기서 학생들은 학습한 것을 스스로 확인할 수 있다.

현재 R은 학습하기 위한 교육도구로서 유용하게 사용되고 있는데, R이 무료 소프트웨어이기 때문만은 아니다. R은 수리적인 이론과 계산을 구현하기 쉬운 구조이며 교육을 위한 많은 도구를 가지고 있다. 또한 R은 기업이나 연구소 등의 일선 현장에서 자료분석 도구로 유용하게 사용되고 있다. 따라서 이 책에서는 R의 활용을 주제로 새로 보완하고 추가하였다. 모든 장에서 R을 이용하여 행렬계산에서 요구되는 기본개념과 이론을 설명하고, 실제로 적용할 수 있도록 R 프로그램을 제공함으로써 이론과 실습을 병행하도록 하였다. 이 책에서 예제의 R 프로그램들은 패키지를 사용하지 않고 자세한 절차를 모두 보여 줌으로써 눈으로 보는 것보다 스스로 코드를 수행해 보는 것이 행렬을 익히는 지름길이며 이해를 높이는 것임을 알려주고자 하였다. 미흡한 면은 앞으로 계속 보완해 나갈 생각이며, 출간 후에라도 수정사항이 있을 경우에는 자유아카데미 홈페이지(www.freeaca.com) 자료실에 제공할 예정이다.

마지막으로 보잘것없는 책자를 세상에 내놓게 됨을 부끄럽고 두렵게 생각하며, 혹시 독자 여러분께 작게나마 도움이 되지 않을까 하는 욕심도 가져본다. 특히 본 책을 출판하는 데 애써 주신 자유아카데미에 감사하며, 원고 정리 및 기타 여러 일에 힘써 준 곽효재, 김수지 학생에게 고마움을 전하고 싶다.

2017년 9월

저자

차례

1장 R 기초 1

2장 벡터와 행렬 21

3장 연립일차방정식의 해법 97

4장 행렬식 125

1장

R 기초

1.1 R 개요 / 1.2 R 소개 / 1.3 R 알아보기 / 1.4 자료 입력 / 연습문제

1 R 개요

R은 자료분석이나 통계계산에 이용되며 객체지향적인 프로그래밍 언어이다. 다른 통계패키지인 SPSS, Minitab보다 통계분석이 우수하며 다양한 그래픽 방법을 제공하기 때문에 활용도가 높다. 따라서 이용자가 원하는 방식으로 다양한 분석과 함수를 구성할 수 있다. 즉, 소스코드가 공개되어 사용자가 프로그램을 변형하는 것이 가능하며, 자유롭게 인터넷에서 무료로 내려받아 부담 없이 사용할 수 있다는 장점을 가지고 있다.

R 프로그램의 다운로드와 설치는 매우 간단하다. 먼저 R을 내려받고 설치하는 방법을 살펴보자. R은 CRAN(Comprehensive R Archive Network) 사이트라는 인터넷 주소 http://www.r-project.org을 통해 자유롭게 내려받아 쉽게 개인 컴퓨터에 설치하여 사용할 수 있다. 즉, 사이트 화면 왼쪽 메뉴 중 Download 아래의 CRAN을 클릭하면 여러 미러(mirrors) 사이트가 나타난다. Korea 서버 주소 중 하나를 선택하여 클릭하면 된다. 그러면 Download and Install R 화면에서 운영시스템을 선택하고, R 프로그램 중 기본만 선택할 것이라면 base를 선택한다. "Download R 3.4.1 for Windows" 링크를 클릭하면 저장하여 프로그램을 설치할 수 있으나, 다시 사용할 필요가 없고 언제든지 내려받을 수 있으므로 바로 실행을 눌러 프로그램을 설치할 것을 권한다.

2 R 소개

R의 시작과 종료 방법을 간단히 살펴보자. R은 help 기능이 매우 뛰어나므로 이용자가 잘 알지 못하는 사용법도 쉽게 익힐 수 있다.

(1) R 시작

R은 다른 프로그램과 마찬가지로 바탕화면에서 R 아이콘을 두 번 클릭하면 R 프로그램 초기화면이 나타난다.

(2) R 종료

R을 종료하려면 화면에서 [파일]-[종료]를 선택하거나 R Console 창에서 q( )을 입력하면 된다. 이때 "workspace(image)를 보존하시겠습니까?"라는 메시지가 뜨는데

"예"를 선택하면 지금까지 사용 중인 모든 변수들이 저장되며, 다음에 다시 R을 실행할 경우에 저장된 변수들을 다시 사용할 수 있다.

(3) Help 기능 소개

R은 다양한 형태의 명령어를 가지고 있으며 하나의 명령어 내에서도 다양한 옵션이 존재하기 때문에 효과적인 프로그래밍을 위해서는 이러한 기능들을 최대한 활용하는 것이 중요하다. 이를 위해서 R에서 제공하는 Help의 기능을 적절하게 이용해야 한다. R에서는 하나의 명령어 함수에 대한 자세한 옵션기능의 사용법과 함께 관련함수를 동시에 제공해 주기 때문에 프로그램의 모든 과정에서 이 기능을 최대한 활용한다면 더욱 간단하면서도 세련된 프로그램을 작성할 수 있을 것이다.

❶ ? 사용

예를 들어 mean 함수를 사용하는 방법을 알려면 R 화면에서 다음과 같이 한다.

```
> ?mean
```

❷ Help 메뉴의 활용

Help를 이용하는 방법은 메뉴를 이용하는 방법과 명령어 창에서 명령어를 직접 입력하는 방법이 있다. R 메뉴 중에서 Help를 선택한 후 Html Help를 사용한다. 여기에 들어가서 Reference 중 Search Engine & Keywords을 선택한다. 여기서 도움을 얻고자 하는 내용을 입력한다. 이때 관련 내용에 대한 적절한 영어 단어를 생각하여 입력한다. 예를 들어 분산분석(analysis of variance)에 대한 명령들을 알아보고 싶으면 variance라는 단어를 입력한다. 이 경우에 여러 가지 모형에 대한 R 명령어가 나타날 것이다. 다음으로 명령어 창에서 명령어를 직접 입력하는 방법이 있다. 예를 들어 사용자가 boxplot( ) 함수에 대해 알고자 한다면 메뉴를 직접 이용하거나 명령어 창에 다음과 같이 입력한다.

```
> help()
```

혹은

```
> help.start()
```

이 명령어를 실행하면 전체 Help 메뉴가 나타나는데 여기에서 사용자가 원하는 도움말 항목인 boxplot을 입력하여 찾으면 된다. 또한 명령어 창에서 다음과 같이 직접 입력하면 boxplot에 대한 도움말이 바로 나타나게 된다.

```
> help(boxplot)
> ?boxplot
```

예를 들어 boxplot과 관련된 모든 것이 나타난다. 즉,

```
> apropos("boxplot")
```

클릭하면

```
"boxplot", "boxplot.default", "boxplot.matrix",  "boxplot.stats"
```

그리고 특수문자 등의 사용법에 대해서도 Help 기능을 이용할 수 있다. 예를 들어 리스트 객체(List Object)의 원소(component)를 추출하는 기호 "[[]]"를 알고자 한다면 다음과 같이 사용할 수 있다.

```
> help("[[")
> ?"[["
```

R의 Help에는 여러 가지 옵션에 대한 사용법과 예제가 제공되며, 관련된 함수 또는 문자의 기능에 대해서도 설명 및 연결이 되어 있어서 쉽게 찾아갈 수 있다. 이처럼 R 프로그램은 사용자가 Help 기능을 활용하는 데 있어서 많은 편리함을 제공한다.

(4) 패키지 이용

R이 가지고 있는 또 다른 장점은 많은 연구자들이 개발하여 제공하는 **패키지**(packages)를 자유로이 사용할 수 있다는 것이다. 패키지를 사용하는 방법은 두 가지로, 하나는 메뉴에서 패키지를 클릭한 다음 **패키지 인스톨**(install package)을 선택한다. 그리고 다운로드할 국가를 선택하면 패키지 리스트가 화면에 나타난다. 원하는 패키지를 선택하여 다운로드한 후 명령어 "library(패키지이름)"를 실행시키면 패키지에서 제공하는 함수들을 사용할 수 있다. 이 책에서는 "MASS" 패키지를 사용하므로 먼저 인스톨해야 한다. 다른 방법으로는 콘솔창의 명령줄에 install.packages("MASS")를 실행시킨 다음 다운로드할 국가를 선택해도 된다.

3 R 알아보기

먼저 간단한 연산을 해 보자. 예를 들어

```
> 6+7*3/2
[1] 16.5
```

나중에 다시 사용할 값으로 **할당연산자**(assignment operator) <-은 왼쪽에 붙이고자 하는 이름을 주고 <- 오른쪽에 주고자 하는 값을 쓴다. 할당은 할당된 결과를 화면에 보여 주지 않는다(=도 사용할 수 있다).

주석연산자(comment operator) #는 주석문을 만드는 연산자로서 #이 있는 위치부터 해당 라인 끝까지 R 인터프리터가 번역하지 않는다. 간단한 메모나 해당 루틴의 의미 등을 적절히 넣으면 도움이 된다.

```
> x<-3                              # x에 3
> 27/3 -> y                         # y에 27/3 or 9
> z <- x+y                          # z는 합 x+y
> vec1 <- c(1,2,3,4)                # vec1에 정수벡터
> vec2 <- c( "A","B", "C")          # vec2에 문자벡터
> theta=pi/4
> st=sin(theta)
> theta
[1] 0.7853982
```

연결연산자 ;는 두 개 이상의 표현식을 한 라인에 묶어서 사용할 수 있는 연산자이다.

```
> x; y; z; vec1; vec2
[1] 3
[1] 9
[1] 12
[1] 1 2 3 4
[1] "A" "B" "C"
> a=7       # a에 7을 할당
> a
[1] 7
> 7=b       # b에 7을 할당하나 에러
Error in 7 = b : invalid (do_set) left-hand side to assignment
```

계속해서

```
> x <- 1:4
> x
[1] 1 2 3 4
```

사칙연산은 **산술연산자**(arithmetic operator) +, −, *, /, 그리고 거듭제곱은 **, ^ 두 가지 연산자를 제공한다. x의 제곱을 구하기 위해

```
> x2 <- x**2
```

혹은

```
> x2 <- x^2
```

x2의 값을 확인하기 위해

```
> x2
[1] 1 4 9 16
```

또

```
> 1-2*3
[1] -5
> 4*(2+7)
[1] 36
> 100/5
[1] 20
> 3^3+1
[1] 28
> sqrt(10)
[1] 3.162278
```

그리고 **논리연산자**(logical operator)는 논리벡터나 수치값과 유사한 벡터를 받아 논리 계산을 하는 연산자와 **비교연산자**(relational operator)로 ==(같다), !=(같지 않다), 〉(크다), 〈(작다), 〉=(크거나 같다), 〈=(작거나 같다)가 있다.

```
> 2*3 == 6
[1] TRUE
```

```
> 1310 >= 26359/20
[1] FALSE
> 24/90 != 8/30
[1] FALSE
```

함수 all.equall ( )를 이용하여 함수의 두 인자 값이 같은지 논리 비교해 보았다.

```
> all.equal(2*3, 6)
[1] TRUE
```

특히 R은 대소문자 구별에 민감하다(case-sensitive).

```
> "Some.Text" == "some.text"
[1] FALSE
```

그러나 다음 예를 보면

```
> X <-10
> prod1 <- X*x
> prod1
[1] 10 20 30 40
```

이다. R에서의 모든 것은 **객체**(object)이다(object is everything). 즉, 함수, 연산자, 변수를 포함하여 사용하고 만드는 모든 것이 객체이다. 위 예를 통해서 객체의 리스트를 보려면 함수 ls( ) 혹은 object( )를 이용한다.

```
> ls()
[1] "prod1" "x"     "X"     "x2"
```

객체를 향후에도 사용하고 싶으면 **작업공간**(workspace)을 이용하여 저장해 두었다가 나중에 불러 사용하면 된다. 객체를 지우려면 함수 rm( )을 사용하면 된다.

```
> rm(x)
> ls()
[1] "prod1" "X"     "x2"
> objects()
[1] "prod1" "X"     "x2"
```

객체를 모두 지우려면

```
> rm(list=ls())
> ls()
character(0)
```

사용하면 된다. 그리고 함수 search( )를 사용하면 현재 작업환경에서 구동 중인 패키지의 이름들이 나열된다.

```
> search()
[1] ".GlobalEnv"        "package:stats"     "package:graphics"
[4] "package:grDevices" "package:utils"     "package:datasets"
[7] "package:methods"   "Autoloads"         "package:base"
```

R은 **예약어**(reserved word)가 있다. 먼저 NaN은 수가 아님을 나타낸다. 예로

```
> 0/0
[1] NaN
> NaN <-3  # 객체로 사용할 수 없다.
Error in NaN <- 3 : invalid (do_set) left-hand side to assignment
```

또 ∞(무한대)와 −∞(−무한대)는 각각 Inf 와 -Inf로 나타낸다.

```
> 1/0
[1] Inf
> -22/0
[1] -Inf
> log(0)
[1] -Inf
> Inf*Inf
[1] Inf
> Inf/Inf
[1] NaN
> 0/0
[1] NaN
```

그리고 결측치는 NA로 나타낸다. 따라서 NaN, Inf, −Inf와 NA는 객체 이름으로 사용할 수 없다.

```
> Y <- c(1,2,NA,4,5)
```

```
> Y
[1]  1  2 NA  4  5
> Z<- 5 +NA
> Z
[1] NA
```

결측치를 검증하는 함수 is.na( )를 사용한다.

```
> is.na(Y)
[1] FALSE FALSE  TRUE FALSE FALSE
> is.na(Z)
[1] TRUE
```

마지막으로 데이터의 객체는 **속성**(attributes)에 **기본형**(mode)과 **클래스**(class)가 있다. 기본형은 데이터 객체를 이루는 기본적인 유형의 속성을 말한다. 기본형에는 실수가 기본으로 쓰이는 **수치형**(numeric), 논리적으로 참과 거짓인 **논리형**(logical), 복소수를 나타내는 **복소수형**(complex), 문자나 문자열을 작은 따옴표나 큰 따옴표로 나타내는 **문자형**(charcter)이 있다. 이러한 기본형을 가지고 **리스트**(list), **벡터**(vector), **배열**(array), **행렬**(matrix), **데이터프레임**(data frame), **함수**(function) 등의 데이터 형의 객체들을 만들 수 있다. 객체의 성질들을 다음과 같이 함수 typeof( )와 class( )로 알아보자.

```
> class(x)
[1] "numeric"
> typeof(x)
[1] "double"   # 실수
> class(vec2)
[1] "character"
> typeof(vec2)
[1] "character"
```

데이터의 기본형은 경우에 따라 형을 변환할 필요가 있다. 예를 들어 문자 3을 수치 3으로 변환하거나 실수인 π를 정수 3으로 변환해야 하는 경우이다. R에서 형 변환은 mode 함수, storage.mode 함수를 이용한다. 그러나 직관적으로 변환하는 방법으로는 변환하고 싶은 기본형 이름 앞에 as를 붙여 해당 기본형으로 변환하는 as.* 함수를 이용한다. 아래에서 as.integer 함수는 실수 3.5를 정수 3으로 변환하였다.

```
> x<-pi
> typeof(x)
[1] "double"
> x<- as.integer(x)
> x
[1] 3
> typeof(x)
[1] "integer"
> is.integer(x)
[1] TRUE
```

이 외에 R의 특징으로 **함수의 강제형 변환**(functions of coercing)으로 as.numeric( ), as.double( ), as.character( )가 있으며 또한 객체 검증 함수로 is.numeric( ), is.double( ), is.character( ), is.list( ), is.vector( ), is.matrix( ), is.array( ), is.data.frame( ), is.function( )가 있다.

R에서 계산 결과에 대한 설치시의 기본값은 숫자가 7개로 설정되었으나 이를 임의로 변경할 때는 함수 options(digits=d)를 이용한다. 여기서 d는 원하는 숫자이다. 예로

```
> Re(3+2i);Im(3+2i)    # 복소수 3+2i의 실수부분과 허수부분
[1] 3
[1] 2
> Mod(3+2i); Arg(3+2i) # 복소수의 크기(modulus)와 위상(argument)
[1] 3.605551
[1] 0.5880026
>
> pi
[1] 3.141593
>
> options(digits=3)
> pi
[1] 3.14
> Arg(3+2i)
[1] 0.588
```

그리고 컴퓨터가 연산하는 과정의 **반올림 오차**(rounding error)를 보정하는 함수 round(number, digits)를 이용하여 소수점 이하의 자리수를 정한다. 디폴트는 digits=0이다.

```
> options(digits=7)
> round(1234.567) # Default
```

```
[1] 1235
> round(1234.567,-2)
[1] 1200
>
> round(1234.567,2)
[1] 1234.57
```

그러나 컴퓨터는 10진법이 아닌 2진법으로 계산하므로 분수계산에서는 조심하여야 한다.

```
> .7-.6-.1
[1] -2.775558e-17
> .7/.1-7
[1] -8.881784e-16
>
> .7/.1
[1] 7
```

그래서 0에 가까운 의미 없는 값은 함수 zapsmall( )을 사용한다.

```
> zapsmall(.7/.1) - 7
[1] 0
```

R의 설치시 **내장 상수**(built-in constant)는 pi, LETTERS(로마 알파벳 대문자 26), letters(로마 알파벳 소문자 26), month.abb(월별 약어 영문자 3), month.name(월별 영문자) 5가지가 있다.

4 자료 입력

4.1 화면에서 자료 입력

R을 이용해서 자료를 분석하는 과정에서 가장 먼저 시도되는 작업이 자료 입력이다. 자료의 양이 많지 않고 간단한 자료의 경우에는 R의 프롬프트인 〉 상에서 키보드로 자료를 입력하는 방법을 사용한다.

이때는 scan( ) 함수를 사용하고 마지막 줄에서 ENTER키를 누른다. 자료의 양이 많을 경우에는 자료 입력 오류가 발생할 수 있고 효율성이 떨어지므로 가급적 사용하지 않는 것이 좋다. 여기서 입력하는 자료 형태는 숫자이지만 글자를 입력할 때는 what를 사용하고 문자 중간에 빈칸이 있는 경우는 따옴표를 사용한다.

scan( ) 함수를 이용하면 직접 자료를 입력하여 생성할 수 있다.

```
> ged <- scan()
1: 1 2 3
4: 4 5 6
7: 7 8 9
10: 10 11 12
13:
Read 12 items
```

scan( ) 함수를 이용하는 경우 한 줄의 입력이 끝난 후 다음 줄의 처음에서 Enter 키를 누르면 자동적으로 scan( ) 함수를 불러와서 계속적으로 자료를 입력할 수 있다. 새로운 줄에서 자료를 입력하지 않고 Enter 키를 누르면 scan( ) 함수가 종료되고 값이 저장된다.

scan( ) 함수는 디폴트(default) 값으로 숫자를 받아들인다. 만약 문자를 입력하면 scan( ) 함수는 다음과 같은 에러 메시지를 출력한다.

```
> scan()
1: boy
1: girl
Error in scan(file, what, nmax, sep, dec, quote, skip, nlines,
na.strings, :
  scan() expected 'a real', got 'boy'
```

이 경우 what 변수를 이용하여 다른 형태의 자료를 읽을 수 있다. 예를 들어 문자 자료를 읽어 들이고자 한다면 아래와 같이 지정함으로써 수행할 수 있다.

```
> scan(what=character(0))
1: first
2: second
3: third
4: fourth fifth
6:
Read 5 items
[1] "first"  "second" "third"  "fourth" "fifth"
```

어떠한 문자 값에 대해서도 what 변수를 이용할 수 있다. 그리고 위 예제에서 네 번째 줄의 입력 값이 "fourth", "fifth"와 같이 화이트 스페이스를 기준으로 두 개를 입력하였고 두 개의 값으로 인식됨을 알 수 있다. 자료 형태가 숫자일 경우 c( ) 함수를 이용하여 벡터를 만들 수 있다. 또한 행렬은 matrix( ) 함수를 이용하여 생성한다(자세한 것은 2장 참조).

4.2 데이터 프레임

데이터 프레임(data frame)은 행렬과 비슷한 형태로 되어 있으나, 행렬은 차원으로 표시되며 같은 형태(mode)의 객체를 가지는 반면, 데이터 프레임은 각 열(column)들이 서로 다른 형태(mode)의 객체를 가질 수 있으므로 범주형 변수를 가질 수도 있다. 따라서 범주형 자료분석에도 유용하게 사용된다. 데이터 프레임을 생성하는 방법으로는 read.table( ) 함수를 이용하여 외부 텍스트 파일을 불러들이는 방법, data.frame( ) 함수를 이용하여 여러 종류의 자료객체들을 서로 결합시키는 방법과 as.data.frame( ) 함수를 사용하여 다른 형태의 자료객체를 데이터 프레임의 형태로 변환하는 방법이 있다.

1. read.table( ) 함수

먼저 자료가 외부 파일에 있는 경우 파일 경로를 포함한 이름을 따옴표 안에 지정해 주어야 한다. 단, 자료 파일은 확장자가 .csv 또는 .txt 형식으로 저장되어 있어야 한다. 자료가 저장되어 있는 경우 scan( ) 함수를 사용하여 아래와 같이 읽어 들인다. 예를 들어 자료가 아래에 저장되어 있으면

```
f:/data/test.dat
A <- scan("f:/data/test.dat")
```

라고 하면 자료를 A에 저장할 수 있다.

자료를 보면 숫자와 문자 변수가 같이 존재한다. 이러한 자료는 데이터 프레임 형태로 읽어야 하는데 read.table( ) 함수는 이와 같은 자료를 읽어 들여 데이터 프레임을 생성한다. 형식은

```
read.table(file, header=FALSE, ...)
```

여기서 file은 읽어 들일 파일 이름이고 header에는 첫줄에 변수 이름을 사용했는지에 대한 T 또는 F 값을 지정한다. 만약 변수 이름이 첫 줄에 포함된 파일이면 header 인수에 TRUE를 지정해야 한다.

외부의 파일에 대해서는 read.table( ) 함수를 이용해서 생성한다. read.table( )

함수의 괄호 안에 자료가 입력되어 있는 곳의 경로명을 지정한다. 이때 자료는 다음과 같이 작성되어 "f:/prob/exam.txt"에 저장되어 있다고 하자.

no	name	age	sex
1	Choi	45	M
2	Kim	37	F
3	Lee	35	M
4	Cho	26	M
5	Park	57	F

```
> abc1 <- read.table("f:/prob/exam.txt")
> abc1
  V1   V2  V3  V4
1 no name age sex
2  1  Choi  45   M
3  2  Kim  37   F
4  3  Lee  35   M
5  4  Cho  26   M
6  5  Park  57   F
```

행의 번호가 있음에도 또 다시 행의 번호가 지정되어 있으므로, 이를 해결해 보자

```
> abc2 <- read.table("f:/prob/exam.txt", row.names = 'no', header = T)
> abc2
  name age sex
1  Choi  45  M
2  Kim  37   F
3  Lee  35   M
4  Cho 26   M
5  Park 57   F
```

read.table( ) 함수의 인수 중에서 row.names = 'no'는 행 이름임을 알려주며, header = T는 첫 번째 줄이 헤드라인임을 알려준다. abc2를 보면 두 번째 열과 네 번째 열은 범주형, 세 번째 열은 숫자형 중에서도 정수형으로 서로 다르다. 자료 구조는 행렬과 같은데 각각 열의 데이터 유형이 다른 점이 행렬과 큰 차이점이다.

2. data.frame( ) 함수

이 함수는 행렬인데 원소가 문자 등이 가능한 행렬이라고 생각할 수 있고 또는 엑셀에서 다루는 스프레드 시트라고 생각할 수 있다. 이미 생성되어 있는 벡터들을 결합하

여 데이터 프레임을 생성하는 것이다.

```
> x <- rep(LETTERS[1:3],c(2,2,1))
> y <- rep(1:3,c(2,2,1))
> z <- data.frame(x, y)
> z
  x y
1 A 1
2 A 1
3 B 2
4 B 2
```

3. as.data.frame( ) 함수

이 함수를 이용하면 모든 다른 종류의 자료객체들을 데이터 프레임으로 변환할 수 있다. 행렬 z1을 z2라는 데이터 프레임의 형태로 변환하면 다음과 같다.

```
> z1 <- c("a","b","c","d","e","f","g","h","i","j","k","l")
> dim(z1) <- c(4,3)
> z1
     [,1] [,2] [,3]
[1,] "a"  "e"  "i"
[2,] "b"  "f"  "j"
[3,] "c"  "g"  "k"
[4,] "d"  "h"  "l"

> z2 <- as.data.frame(z1)
> z2
  V1 V2 V3
1  a  e  i
2  b  f  j
3  c  g  k
4  d  h  l
```

4. 데이터 프레임 합치기

여러 데이터 프레임을 합쳐서 하나의 데이터 프레임으로 생성할 수 있는데 이렇게 합치는 방법에는 각각의 데이터 프레임을 옆으로 합치는 방법과 아래로 합치는 방법이 있다.

(1) 옆으로 합치기

데이터 프레임을 옆으로 합치는 경우에는 cbind( ) 함수를 사용한다. cbind( ) 함수를 사용할 때 두 데이터 프레임 간에 같은 변수가 있으면 그 변수가 두 번 나타나게 되는데 이러한 경우에 merge( ) 함수를 사용하면 같은 변수에 대해서 한 번만 보여주게 된다.

```
> cbind(z1,z2)
  1 2 3  V1 V2 V3
1 a e i   a  e  i
2 b f j   b  f  j
3 c g k   c  g  k
4 d h l   d  h  l
```

(2) 아래로 합치기

데이터 프레임을 아래로 합치는 경우에는 rbind( ) 함수를 사용하는데, 이때에는 자료의 열의 개수가 동일해야 하고 변수 이름도 동일해야 한다.

```
> x <- rep(LETTERS[1:3],c(1,2,2))
> y <- rep(1:3,c(1,1,3))
> z <- rep(LETTERS[1:3],c(2,2,1))
> z3 <- data.frame(x, y, z)
> z3
  x y z
1 A 1 A
2 B 2 A
3 B 3 B
4 C 3 B
5 C 3 C
```

```
> rbind(z1, z2)
 V1 V2 V3
1  a  e  i
2  b  f  j
3  c  g  k
4  d  h  l
5  a  e  i
6  b  f  j
7  c  g  k
8  d  h  l
```

(3) 병합하기

같은 변수가 있을 경우에는 merge( ) 함수를 사용하여 병합할 수 있다. merge( ) 함수를 사용하면 처음의 변수에 대해 알파벳 순서로 정렬되고, 나머지 다른 변수들이 옆으로 붙게 된다.

```
> merge(z1, z3)
   V1 V2 V3 x y z
1   a  e  i A 1 A
2   b  f  j A 1 A
3   c  g  k A 1 A
4   d  h  l A 1 A
5   a  e  i B 2 A
6   b  f  j B 2 A
7   c  g  k B 2 A
8   d  h  l B 2 A
9   a  e  i B 3 B
10  b  f  j B 3 B
11  c  g  k B 3 B
12  d  h  l B 3 B
13  a  e  i C 3 B
14  b  f  j C 3 B
15  c  g  k C 3 B
16  d  h  l C 3 B
17  a  e  i C 3 C
18  b  f  j C 3 C
19  c  g  k C 3 C
20  d  h  l C 3 C
```

merge( ) 함수는 두 데이터 프레임의 동일한 변수에 대해서 같은 값을 갖는 행을 기준으로 병합시킨다. 위 예제에서는 z1 변수가 두 데이터 프레임에 존재하므로 z1 변수를 키로 병합하였다.

(4) 행 자료 및 변수의 추가/삭제

데이터 프레임에 행 자료 및 변수를 추가/삭제할 수 있다.

```
> x <- rep(LETTERS[1:3],c(2,2,1))
> y <- rep(1:3,c(2,2,1))
> z <- data.frame(x, y)
> z
  x y
1 A 1
2 A 1
3 B 2
4 B 2
```

```
5 C 3
> z$v <- c(3, 6, 9, 12, 16)
> z
  x y  v
1 A 1  3
2 A 1  6
3 B 2  9
4 B 2 12
5 C 3 16
```

4.3 자료 출력

R은 cat( ) 함수의 기능을 일부 조작하여 write( ) 함수를 만들어 제공한다. cat( ) 함수는 콘솔과 파일에 출력하는 기능이 있는 반면에 write( ) 함수는 파일로만 출력하는 기능이 있어 단순한 자료를 파일로 출력하고자 할 때 이 함수를 이용하면 된다. 앞에서 만든 "z2" 자료를 'f:/data' 폴더에 z2.txt로 저장하자.

```
write(z2, file='f:/data/z2.txt', append=FALSE, sep="")
```

한편, R 콘솔에 출력되는 결과를 텍스트 파일로 저장하기 위해 여러 개의 명령어로 구성된 R 스크립트의 수행 결과를 온전히 파일로 저장할 때 sink( ) 함수를 사용하면 스크립트의 수행 결과를 텍스트 파일로 저장할 수 있다. 단, 그래프는 텍스트 파열에 담을 수 없다. 따라서 출력을 파일로 보내는 재 명령으로 sink( ) 함수는 R 명령어로부터 나오는 출력을 터미널로 보내지 않고 파일로 만드는 함수이다. sink( ) 함수에 사용되는 변수는 다음과 같다.

❶ file: 파일의 이름을 지정하는 문자열이다.

❷ command: 명령의 이름을 나타내는 문자열로, file문이 사용되면 이 변수는 사용되지 않는다.

❸ append: 파일을 저장할 때 사용하는 논리적 신호로, 만약 True이면 출력 결과를 파일의 끝에 붙이고 아니면 덮어쓴다.

예를 들어 모든 관찰값 목록과 함께 abc라는 이름의 데이터 프레임의 요점을 저장하고자 할 때 다음과 같은 방법을 사용한다.

```
> sink("c:/exam.txt")
> summary(abc)
```

```
> abc
> sink()
```

sink("c:/exam.txt")는 이 명령문 다음에 나오는 모든 출력 결과를 exam.txt 파일로 보내라는 명령어이며, 다음 두 줄의 명령에 의해 abc라는 이름을 가진 파일의 summary(abc)의 출력과 abc 데이터 프레임의 리스트가 저장된다. 마지막으로 sink( ) 함수는 R의 출력 결과를 exam.txt로 보내는 작업을 종료하고 다시 터미널로 보내는 명령어이다. 위의 예의 출력 결과는 exam.txt - 메모장에서 다음과 같다.

```
   Min.  1st Qu.  Median    Mean 3rd Qu.    Max.
     1       2        3        3     4       5
 [1] 1 1 1 2 2 2 3 3 3 4 4 4 5 5 5
```

연습문제

1 R을 이용하여 다음을 구하라.

(1) $4+2.5^4$

(2) $(52.431+27.936)/(4.569\times 9.023)$

(3) $\sqrt{43}\times(51/87+36/127)$

2 R을 이용하여 다음을 구하라.

(1) $(1+2i)-(3+4i)$

(2) $(1+2i)\times(3+4i)$

(3) $(1+2i)/(3+4i)$

3 R을 이용하여 다음을 구하라.

(1) $(-8)^{(1/3)}$

(2) $(-8+0i)^{(1/3)}$

4 R의 결과를 구하라.

```
degree=pi/180
sin(30*degree)
```

5 $x=c(3.2,1.7,-11.3,-0.67,4,0)$에서 아래의 R의 실행 순서대로 결과를 구하고 설명하라.

```
x[3], x[1:3], x[c(2,3,5)], x[3]=10.0, x, x[7]=4.3, x,
x[9]=9, x, x[-8], 1/x, 3*x, x*x, cos(x/2), length(x),
mean(x), sd(x), var(x), min(x), range(x), sum(x), prod(x)
cumsum(x), cumprod(x), summary(x)
```

2장

백터와 행렬

1 평면, 공간벡터

힘, 속도, 가속도 등과 같이 크기 및 방향을 갖는 양이 있다. 이와 같은 양을 취급하는 도구로서 벡터를 생각하자.

1.1 벡터의 정의

방향과 크기를 가진 양을 **벡터**(vector)라고 하고, 이 벡터는 $\vec{a}$, $\vec{b}$ 또는 $\overrightarrow{PQ}$, $\overrightarrow{AB}$와 같이 화살표가 붙은 선분(→)으로 표시한다.

1.2 벡터의 성분

벡터 $\overrightarrow{PQ}$에서 점 P를 시점, 점 Q를 종점이라고 한다. 지금 P, Q를 평면상의 점으로 하여 극좌표를 생각할 때, 그 좌표를 각각

$$P = \begin{pmatrix} x_1 \\ y_1 \end{pmatrix}, \qquad Q = \begin{pmatrix} x_2 \\ y_2 \end{pmatrix}$$

라고 하면, 벡터 $\overrightarrow{PQ}$는

$$\overrightarrow{PQ} = \begin{pmatrix} x \\ y \end{pmatrix}, \qquad \text{여기서} \begin{cases} x = x_2 - x_1 \\ y = y_2 - y_1 \end{cases}$$

로 나타내고

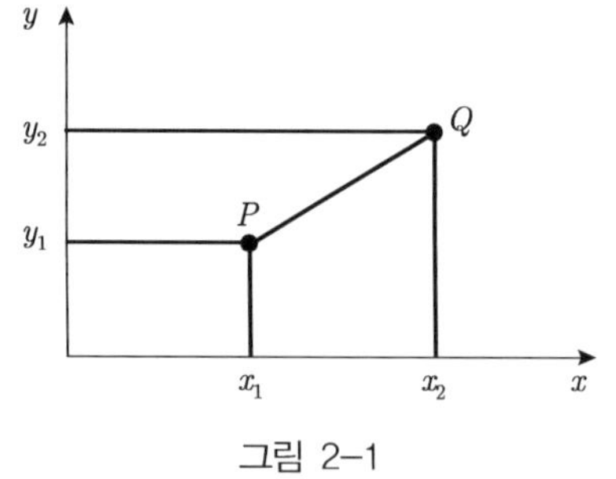

그림 2-1

x, y를 벡터 $\overrightarrow{PQ}$의 성분이라고 하고, $\overrightarrow{PQ}$와 $\begin{pmatrix} x \\ y \end{pmatrix}$를 똑같은 것으로 취급한다. 마찬가지로, $\vec{a}$가 공간 내의 벡터라고 하면

$$\vec{a} = \begin{pmatrix} x \\ y \\ z \end{pmatrix}$$

로 나타낸다. 또 벡터를 구성하는 성분인 실수의 양을 **스칼라**(scalar) 양이라고 하고, 성분의 개수가 n일 때 그 벡터를 n차원 벡터라고 한다.

1.3 벡터의 상등

두 개의 벡터가 크기가 같고 방향이 같을 때

$$\vec{a} = \vec{b}$$

으로 표시한다. 즉

$$\vec{a} = \begin{pmatrix} x_1 \\ y_1 \\ z_1 \end{pmatrix}, \quad \vec{b} = \begin{pmatrix} x_2 \\ y_2 \\ z_2 \end{pmatrix}$$

이면

$$\begin{aligned} \vec{a} = \vec{b} \Rightarrow x_1 &= x_2 \\ y_1 &= y_2 \\ z_1 &= z_2 \end{aligned}$$

이다.

1.4 벡터의 가법

두 벡터 $\overrightarrow{AB}$와 $\overrightarrow{BC}$ 합은 $\overrightarrow{AB}$의 시점에서 $\overrightarrow{BC}$의 종점에 이르는 벡터 $\overrightarrow{AC}$로서 정의한다. 그리고

$$\overrightarrow{AB} + \overrightarrow{BC} = \overrightarrow{AC}$$

으로 표시한다. 이것을 성분으로 보면

$$\overrightarrow{AB} = \begin{pmatrix} x_1 \\ y_1 \end{pmatrix}, \quad \overrightarrow{BC} = \begin{pmatrix} x_2 \\ y_2 \end{pmatrix}$$

이면

$$\overrightarrow{AC} = \begin{pmatrix} x_1 + x_2 \\ y_1 + y_2 \end{pmatrix}$$

이다. 즉 다음과 같다.

$$\begin{pmatrix} x_1 \\ y_1 \end{pmatrix} + \begin{pmatrix} x_2 \\ y_2 \end{pmatrix} = \begin{pmatrix} x_1 + x_2 \\ y_1 + y_2 \end{pmatrix}$$

1.5 벡터의 스칼라 배

벡터의 방향이 같고, 크기만을 (실수)배로 하는 것을 스칼라 배라고 한다. 즉

$$k\vec{a} \Rightarrow k\begin{pmatrix} x \\ y \end{pmatrix} = \begin{pmatrix} kx \\ ky \end{pmatrix}$$

특히 $k = -1$일 때

$$-1(\vec{a}) = -\vec{a}, \quad 즉, \quad -\vec{a} = \begin{pmatrix} -x \\ -y \end{pmatrix}$$

이다.

1.6 영벡터

$$\vec{a} + (-\vec{a}) = \begin{pmatrix} x \\ y \end{pmatrix} - \begin{pmatrix} x \\ y \end{pmatrix} = \begin{pmatrix} 0 \\ 0 \end{pmatrix} = \vec{0}$$

성분이 전부 0인 벡터를 영벡터라고 하고, $\vec{0}$으로 표시한다. $\vec{0}$은 방향도 크기도 없는 벡터이다.

R에서 길이가 5인 영벡터(1벡터)는 다음과 같다.

```
> rep(0, 5)
[1] 0 0 0 0 0
>
> rep(1, 5)
[1] 1 1 1 1 1
>
```

1.7. 벡터의 크기, ‖ ‖

벡터 $\vec{a} = \begin{pmatrix} x \\ y \\ z \end{pmatrix}$의 크기를 ‖$\vec{a}$‖ 라고 쓰고

$$\text{정의: } \|\vec{a}\| = \sqrt{x^2 + y^2 + z^2} = \sqrt{\vec{a} \cdot \vec{a}}$$

으로 주어진다. 즉, 이는 **벡터의 크기**(길이, norm)만을 나타내는 스칼라 양을 말하며, 벡터의 시작점과 끝점까지의 거리를 의미한다.

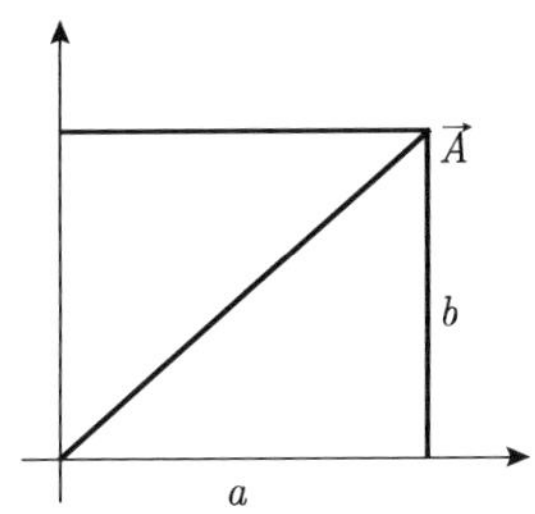

그림 2-2

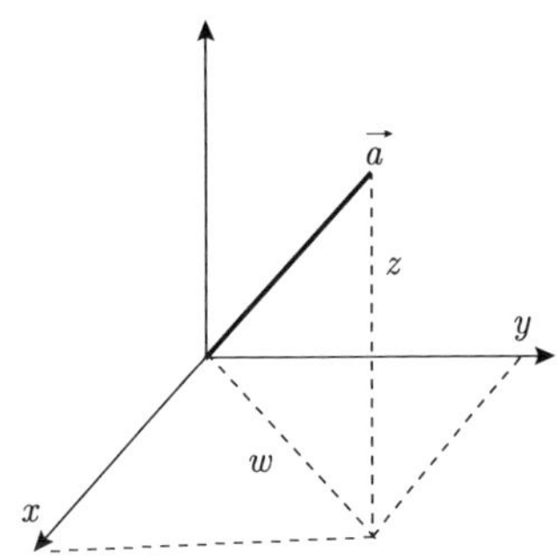

그림 2-3

(1) $\|\vec{A}\| = \|-\vec{A}\|$

(2) 임의의 x에 대하여 $\|x\vec{A}\| = |x| \cdot \|\vec{A}\|$

예를 들어 $\vec{a} = \begin{pmatrix} 1 \\ 3 \\ 2 \end{pmatrix}$ 벡터의 크기는 R에서 다음과 같다.

```
> a <-c(1,3,2)
> sqrt(sum(a*a))
[1] 3.741657
>
```

1.8 단위벡터

크기가 $1(\|\vec{E}\| = 1)$인 벡터를 **단위벡터**(unit vector) 또는 **정규벡터**라고 한다.

1.9 기본단위벡터

$$\begin{pmatrix}1\\0\\0\end{pmatrix}, \begin{pmatrix}0\\1\\0\end{pmatrix}, \begin{pmatrix}0\\0\\1\end{pmatrix} \text{ 혹은 } \begin{pmatrix}1\\0\end{pmatrix}, \begin{pmatrix}0\\1\end{pmatrix}$$

와 같이 하나의 성분이 1이고, 나머지 성분이 전부 0인 벡터를 **기본단위벡터**(elementary unit vector)라고 한다. 기본단위벡터를 이용하면 (a, b, c)를 성분으로 하는 벡터는

$$\begin{pmatrix}a\\b\\c\end{pmatrix} = a\begin{pmatrix}1\\0\\0\end{pmatrix} + b\begin{pmatrix}0\\1\\0\end{pmatrix} + c\begin{pmatrix}0\\0\\1\end{pmatrix}$$

와 같이 분해할 수 있다는 것을 알 수 있다.

1.10 벡터의 내적

벡터의 내적에 관한 정리를 요약하면 다음과 같다.

정리 2.1 R^n에 포함되는 임의의 벡터 $\vec{a}, \vec{b}, \vec{c}$와 어떤 스칼라 $k \in R$에 대하여

① $\vec{a} \cdot \vec{b} = \vec{b} \cdot \vec{a}$

② $(\vec{a} + \vec{b}) \cdot \vec{c} = \vec{a} \cdot \vec{c} + \vec{b} \cdot \vec{c}$

③ $(k\vec{a}) \cdot \vec{b} = k(\vec{a} \cdot \vec{b})$

④ $\vec{b} \cdot \vec{b} \geq 0$, 특히, $\vec{b} \cdot \vec{b} = 0 \Leftrightarrow \vec{b} = \vec{0}$

두 벡터

$$\vec{a} = \begin{pmatrix}x_1\\y_1\end{pmatrix}, \quad \vec{b} = \begin{pmatrix}x_2\\y_2\end{pmatrix}$$

의 **내적**(inner product) $\vec{a} \cdot \vec{b}$를 다음과 같이 정의한다.

$$\vec{a} \cdot \vec{b} = x_1 x_2 + y_1 y_2$$

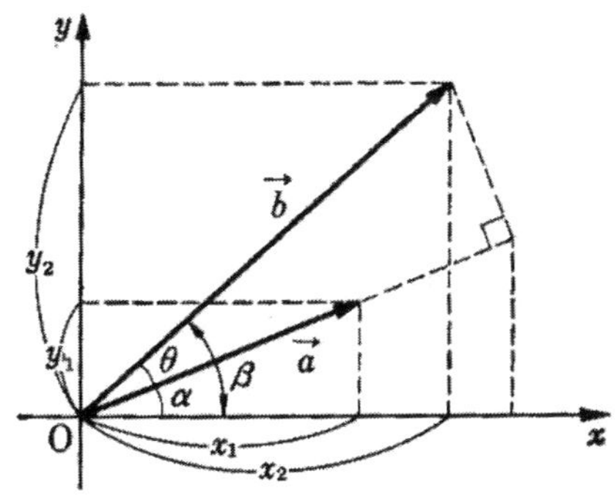

그림 2-4

벡터 $\vec{a}=\begin{pmatrix}x\\y\\z\end{pmatrix}$의 크기 $\|\vec{a}\|$를 벡터의 내적으로 표시하면, $\|\vec{a}\|^2=x^2+y^2+z^2$ $=\vec{a}\cdot\vec{a}$이다. 한편, 내적의 의미와 두 벡터의 직교(orthogonal) 여부를 관련하여 살펴보면, 평면상의 2개의 벡터 $\vec{a}$, $\vec{b}$에 대하며 $\vec{a}$, $\vec{b}$가 각각 x축과의 교각을 α, β라고 하고, $\vec{a}$, $\vec{b}$의 교각을 θ라고 하면, 그림 2-4로부터 $\theta=\beta-\alpha$ 가법정리를 이용하여

$$\cos(\beta-\alpha)=\cos\alpha\cos\beta+\sin\alpha\ \sin\beta=\cos\theta$$

여기서

$$\cos\alpha=\frac{x_1}{\|\vec{a}\|},\qquad \cos\beta=\frac{x_2}{\|\vec{b}\|}$$

$$\sin\alpha=\frac{y_1}{\|\vec{a}\|},\qquad \sin\beta=\frac{y_2}{\|\vec{b}\|}$$

$$\therefore \cos\theta=\frac{x_1x_2+y_1y_2}{\|\vec{a}\|\cdot\|\vec{b}\|}$$

이다. 한편

$$x_1x_2+y_1y_2=\vec{a}\cdot\vec{b}$$

$$\therefore \cos\theta=\frac{\vec{a}\cdot\vec{b}}{\|\vec{a}\|\cdot\|\vec{b}\|}\Rightarrow\vec{a}\cdot\vec{b}=\|\vec{a}\|\cdot\|\vec{b}\|\cdot\cos\theta$$

[예 1] $\vec{a}=(2,-1,\ 1)$, $\vec{b}=(1,\ 1,\ 2)$이면, $\vec{a}\cdot\vec{b}=3$이고, $\cos\theta=\frac{1}{2}$이 된다.

위의 관계식에서 $\vec{a}$, $\vec{b}$가 **직교**(orthogonal 또는 perpendicular)하기 위한 필요충분조건은

$$\vec{a} \cdot \vec{b} = 0$$

임을 알 수 있다. 두 벡터가 서로 직교하면($\theta = 90°$) 두 벡터의 내적은 0이 된다. 특히, 각 벡터 크기가 1이고, $\vec{a} \cdot \vec{b} = 0$과 $\| \vec{a} \| = \| \vec{b} \| = 1$이면 이 두 벡터를 **정규직교벡터**(orthonormal vector)라고 한다. 그리고 위의 관계식은 3차원 공간에서도 성립한다. 또한 기본단위벡터가 직교한다는 것도 알 수 있다.

예를 들어 R에서 두 벡터 $v1 = (1,1)$, $v2 = (-1,1)$가 직교하는 것을 확인할 수 있다.

```
> v1<-c(1,1)
> v2<-c(-1,1)
> sum(v1*v2)
[1] 0
```

그러나 예 1이 직교하지 않는 것을 R에서 확인할 수 있다.

```
> a<-c(2,-1,1)
> b<-c(1,1,2)
> sum(a*b)
[1] 3
>
```

[예 2] 두 개의 벡터 $\vec{a}$, $\vec{b}$로 이루어지는 평행사변형의 면적을 구하라.

해 $\square OACB$의 면적을 S라고 하면

$$\begin{aligned} S &= \| \vec{a} \| \cdot \| \vec{b} \| \sin\theta \\ S^2 &= \| \vec{a} \|^2 \cdot \| \vec{b} \|^2 \sin^2\theta \\ &= \| \vec{a} \|^2 \cdot \| \vec{b} \|^2 (1 - \cos^2\theta) \\ &= \| \vec{a} \|^2 \cdot \| \vec{b} \|^2 - \| \vec{a} \|^2 \| \vec{b} \|^2 \cos^2\theta \\ &= \| \vec{a} \|^2 \cdot \| \vec{b} \|^2 - (\vec{a} \cdot \vec{b})^2 \\ \therefore S &= \sqrt{\| \vec{a} \|^2 \cdot \| \vec{b} \|^2 - (\vec{a} \cdot \vec{b})^2} \end{aligned}$$

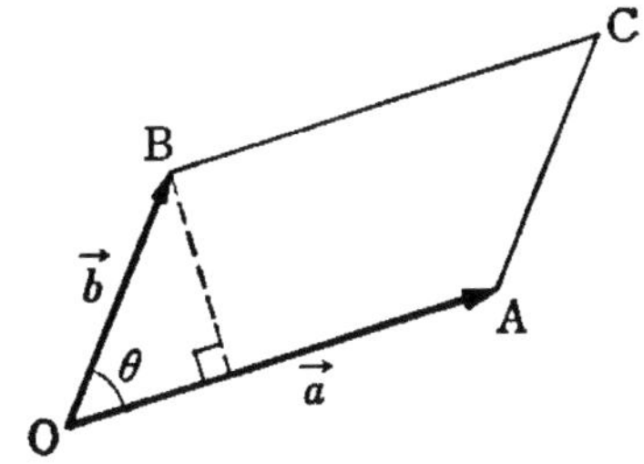

그림 2-5

1.11 사영

만일 $\vec{a}$와 $\vec{b}$가 R^2 또는 R^3 에 속하는 영이 아닌 벡터라면 $\vec{a}$는 항상 다음과 같이 쓸 수 있다.

$$\vec{a} = \vec{p} + \vec{q}$$

여기서 $\vec{p}$가 $\vec{b}$에 스칼라 곱 벡터 또는 $\vec{b}$상에서 $\vec{a}$의 **정사영**(orthogonal projection)이라고 하고, $\vec{q}$는 $\vec{b}$와 수직인 $\vec{a}$의 성분인 벡터이다.

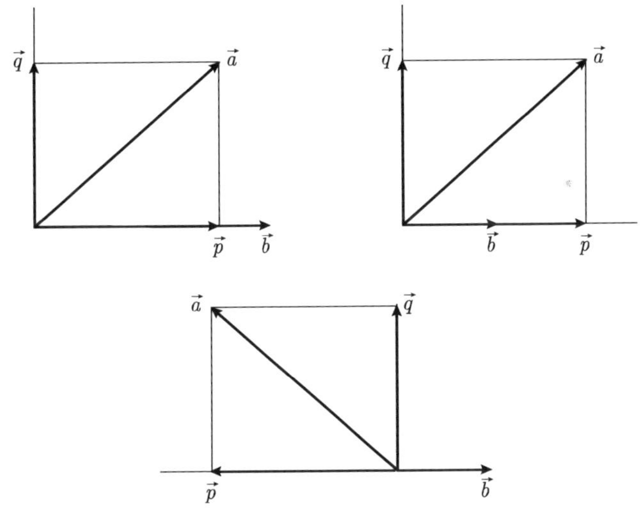

그림 2-6

그림 2-6에서 $\vec{p}$ 이 $\vec{b}$의 스칼라 곱이므로($\vec{p} = k\vec{b}$)

$$\vec{a} = k\vec{b} + \vec{q}$$

양변에 내적(inner product)을 취하면

$$\vec{a} \cdot \vec{b} = (k\vec{b} + \vec{q}) \cdot \vec{b}$$
$$= k\|\vec{b}\|^2 + \vec{q} \cdot \vec{b}$$

이때, $\vec{q} \perp \vec{b}$이므로 $\vec{q} \cdot \vec{b} = 0$

$$k = \frac{\vec{a} \cdot \vec{b}}{\|\vec{b}\|^2}$$

$$\therefore \quad \vec{p} = \frac{\vec{a} \cdot \vec{b}}{\|\vec{b}\|^2} \cdot \vec{b}$$

$$\vec{q} = \vec{a} - \frac{\vec{a} \cdot \vec{b}}{\|\vec{b}\|^2} \cdot \vec{b}$$

[문] $\vec{a} = (2, -1, 3)$, $\vec{b} = (4, -1, 2)$일 때, $\vec{b}$위에서 $\vec{a}$의 정사영인 $\vec{p}$와 $\vec{b}$와 직교하는 $\vec{a}$의 성분인 $\vec{q}$를 구하여라.

1.12. R에서 벡터 생성

R에서 벡터를 생성하는 방법에는 몇 가지가 있다.

1. 함수 $c(x_1, x_2, \cdots, x_p)$ 사용

c(combine) 함수는 리스트와 벡터 등을 만들 때 자료를 묶어 주는 함수이다.

```
> a<-c(1,2,3)
> a
[1] 1 2 3
> b<-c(4,5,6)
> abc <- c(1,1,1,2,2,2,3,3,3,4,4,4,5,5,5)
> abc
 [1] 1 1 1 2 2 2 3 3 3 4 4 4 5 5 5
```

여기서 a와 b는 열벡터나 행벡터로 간주한다.

시퀀스(sequence) 연산자(:)를 이용하는 방법으로 일정한 범위의 값을 순서대로 나열하는 이항 연산자를 이용한다. 일반적으로 연산자 좌측의 값은 초깃값을, 우측의 값은 종결값을 나타내며 증감은 1이다. 그리고 일정한 범위의 값을 순서대로 나열하는

seq(sequence) 함수를 이용한다. rep 함수는 원소들을 반복하여 나열하는 함수로 처음 인수는 반복할 원소들의 값이고, 두 번째 인수는 반복할 횟수를 나타내어 모든 기본 자료형의 벡터를 만들 수 있다. 마지막으로 scan 함수는 키보드로부터 자료를 입력받거나 외부 파일로부터 자료를 읽어 들이는 함수이다. 인수 없이 사용하면 키보드로부터 자료를 입력받게 되고 인수에 경로를 포함한 파일 이름을 적어 넣으면 텍스트 파일로 기록된 자료를 읽어 들일 수 있다.

1부터 10까지의 숫자를 저장한 벡터를 표현하려면 c(1, 2, ..., 10)과 같이 숫자를 모두 나열해야 한다. 이러한 번거로움을 피하기 위해 연속적인 자료는 seq( ) 함수를 사용할 수 있다. seq(초깃값, 종결값, 증감) 형태이다.

```
>seq(-pi, pi, 0.8)
[1] -3.14159265 -2.34159265 -1.54159265 -0.74159265  0.05840735
0.85840735
[7] 1.65840735 2.45840735
>seq(1, 10)
[1]  1  2  3  4  5  6  7  8  9 10
```

전부 또는 일부가 반복되는 자료는 rep( ) 함수를 사용하면 편리하다.

```
>rep(T, 7)
[1] TRUE TRUE TRUE TRUE TRUE TRUE TRUE
>rep(c(1, 2, 3), 2)
[1] 1 2 3 1 2 3
>rep(3:5, 2)
[1] 3 4 5 3 4 5
>rep(seq(1, 2, 0.5), 2)
[1] 1.0 1.5 2.0 1.0 1.5 2.0
```

2. 함수 matrix(., ., .) 사용

```
> c<-matrix(c(1,2,3),3,1,byrow=T)
> d<-matrix(c(6,5,4),nrow=3,ncol=1,byrow=T)
>
> c
     [,1]
[1,]    1
[2,]    2
[3,]    3
```

```
> d
     [,1]
[1,]    6
[2,]    5
[3,]    4
```

R의 데이터 객체를 이루는 속성에 **기본형**(mode)과 **클래스**(class)가 있다. 여기서 matrix 함수를 사용하지 않으면, 그 결과 클래스는 **행렬**(matrix)이 아닌 **수치형**(numeric)이다. 따라서 matrix 함수에서 R의 결과가 열벡터임을 간주하기 위해

3. 함수 as.matrix(.) 사용

값의 강제형 변환(coercing of value)으로 클래스 행렬로 함수 as.matrix(.)를 사용하여

```
> b<-c(4,5,6)
> b
[1] 4 5 6
> class(b)
[1] "numeric"
> b<-as.matrix(b)
> b
     [,1]
[1,]    4
[2,]    5
[3,]    6
```

혹은 함수 matrix에서 **디폴트**(default)와 nrow, ncol를 이용하여 생성할 수 있다.

```
> u<-matrix(c(1,2,3),3,1, byrow=T)
> u
     [,1]
[1,]    1
[2,]    2
[3,]    3
>
> v<-matrix(c(6,5,4), nrow=3,ncol=1,byrow=T)
> v
     [,1]
[1,]    6
```

```
[2,]    5
[3,]    4
```

4. 예

```
> M<-matrix(rep(1,9), nrow=3)
> N<- diag(c(1:3), nrow=3)
> P<- matrix(rep(c(1:3),3), nrow=3)
> Q<- matrix(1, nrow=3)

> M
     [,1] [,2] [,3]
[1,]    1    1    1
[2,]    1    1    1
[3,]    1    1    1
> N
     [,1] [,2] [,3]
[1,]    1    0    0
[2,]    0    2    0
[3,]    0    0    3
> P
     [,1] [,2] [,3]
[1,]    1    1    1
[2,]    2    2    2
[3,]    3    3    3
> Q
     [,1]
[1,]    1
[2,]    1
[3,]    1
>
```

5. 벡터

```
> A <- c(1,3,2)
> A
[1] 1 3 2
> t(A)
     [,1] [,2] [,3]
[1,]    1    3    2
```

```
> 7*A
[1]  7 21 14
> B<- c(2,8,9)
> A*B
[1]  2 24 18
> A+B
[1]  3 11 11
> sum(A*B)
[1] 44

> sqrt(sum(A*A))
[1] 3.741657

> rep(0, 5)
[1] 0 0 0 0 0

> rep(1, 5)
[1] 1 1 1 1 1
>
> V1 <- c(1,1)
> V2 <- c(-1,1)
> sum(V1*V2)
[1] 0
>
```

6. 예

```
> x = c(3.2, 1.7, -11.3, -0.67, 4, 0)
> x
[1]   3.20   1.70 -11.30  -0.67   4.00   0.00
>
> x[3]  # x의 세 번째 원소
[1] -11.3
>
> x[1:3]; x[c(2,3,5)] # 여러 원소의 선택
[1]   3.2   1.7 -11.3
[1]   1.7 -11.3   4.0
>
>
> x[3] = 10.0 # 세 번째 원소 값 변경
```

```
>
> x[7] = 4.3 #일곱 번째 원소 넣기
> x
[1]  3.20  1.70 10.00 -0.67  4.00  0.00  4.30
>
> x[9] = 9
> x
[1]  3.20  1.70 10.00 -0.67  4.00  0.00  4.30    NA  9.00
>
> x[-8] # 여덟 번째 원소 제거하기 위해 -기호
[1]  3.20  1.70 10.00 -0.67  4.00  0.00  4.30  9.00
>
```

벡터의 연산

```
> x = c(3.2, 1.7, -11.3, -0.67, 4, 0)
>
> x-1
[1]   2.20   0.70 -12.30  -1.67   3.00  -1.00
>
> 3*x
[1]   9.60   5.10 -33.90  -2.01  12.00   0.00
>
> x^2
[1]  10.2400   2.8900 127.6900   0.4489  16.0000   0.0000
>
> cos(x/2)
[1]  -0.02919952   0.65998315   0.80614681   0.94441031  -0.41614684
1.00000000
>
> length(x) # 자료 개수
[1] 6
>
> mean(x)
[1] -0.5116667
>
> sd(x) # 표준편차
[1] 5.580288
>
> var(x) # 분산
[1] 31.13962
```

```
>
> min(x)
[1] -11.3
>
> range(x) # 범위
[1] -11.3   4.0
>
> sum(x)
[1] -3.07
>
> prod(x)# 벡터의 곱
[1] 0
>
> cumsum(x) # 누적 합
[1]  3.20  4.90 -6.40 -7.07 -3.07 -3.07
>
> cumprod(x) # 누적 곱
[1]   3.20000   5.44000 -61.47200  41.18624 164.74496   0.00000
>
> #The function summary gives the minimum and maximum (hence the range), 1st
> #and 3rd quartiles, median, and mean of vector elements regarded as data; but, unfortunately,
> #not the standard deviation or variance.
>
> summary(x) # 수치 벡터의 요약 통계량(최솟값, 1사분위수, 중위수, 산술평균, 3사분위수, 최댓값)
    Min.  1st Qu.   Median     Mean  3rd Qu.     Max.
-11.3000  -0.5025   0.8500  -0.5117   2.8250   4.0000
```

2 일반벡터

지금까지는 벡터를 평면 또는 공간에서 방향과 크기를 갖는 양으로 생각하여 성분을 2차원 또는 3차원에 한정하였다. 힘이나 속도의 연구에서는 그것으로 충분했지만 통계, 경제, 경영 문제 등을 고려하기에는 충분하지 않으므로 다음과 같이 일반화시킨다.

2.1 벡터의 정의

순서까지 고려한 p개의 실수의 모임

$$\begin{pmatrix} a_1 \\ a_2 \\ \vdots \\ a_p \end{pmatrix} \quad \text{혹은} \quad (b_1,\ b_2,\ \cdots,\ b_p)$$

를 p차원 벡터라고 하고, 단 하나의 열만을 갖는 벡터를 **열벡터**(column vector), 단 하나의 행만을 갖는 벡터를 **행벡터**(row vector)라고 한다. 벡터를 표시하는 데는 $\vec{a}, \vec{b}', \vec{x}', \vec{y}$와 같은 화살표 문자를 사용하고, $\vec{a},\ \vec{y}$와 같은 것은 열벡터, $\vec{b}', \vec{x}'$와 같이 $'$를 붙여서 행벡터를 나타낸다. 벡터를 구성하고 있는 실수를 성분이라고 하고, $a_i,\ b_i,\ x_i,\ y_i$와 같은 첨자는 소문자로 표시한다.

$$\vec{a} = \begin{pmatrix} a_1 \\ a_2 \\ \vdots \\ a_p \end{pmatrix} \quad \text{혹은} \quad \vec{a} = (a_i) \quad (i = 1,\ 2,\ \cdots,\ p)$$

$$\vec{b} = (b_1,\ b_2,\ \cdots,\ b_p) \quad \text{혹은} \quad \vec{b}' = (b_i) \quad (i = 1,\ 2,\ \cdots,\ p)$$

행벡터를 표현하기 위한 $'$은 열벡터를 행벡터로 변환하는 것을 의미하며, 이러한 변환을 **전치**(transpose)라고 한다. 즉

$$(\vec{a}')' = \vec{a}, \quad (\vec{b})' = \vec{b}'$$

이다.

2.2 상등, 가법, 스칼라 배

1절의 규칙을 일반벡터에 관해서도 그대로 적용한다.

2.3 크기, 내적

크기, 내적에 관해서도 1절의 규칙을 그대로 적용한다.

$$\vec{a}' = (a_1,\ a_2,\ \cdots,\ a_n);\ \| \vec{a} \| = \sqrt{a_1^2 + a_2^2 + \cdots + a_n^2} \tag{2-1}$$

내적은 $\vec{a} \cdot \vec{b}$가 되어야 하지만, 앞으로는 $\vec{a}' \vec{b}$로 쓴다.

$$\vec{a}' \vec{b} = (a_1, a_2, \cdots, a_n)\begin{pmatrix} b_1 \\ b_2 \\ \vdots \\ b_n \end{pmatrix} = a_1 b_1 + a_2 b_2 + \cdots + a_n b_n \qquad (2\text{-}2)$$

2.4 R을 이용한 벡터의 크기와 내적

먼저 벡터 $\vec{x}$의 크기(norm)는 $\sqrt{x'x}$을 이용하거나 $\left(\sum_{i=1}^{n} x_i^2\right)^{1/2}$을 이용하여 구한다.

```
> x <-c(1,2,4,2)
> sqrt(t(x)%*%x)
     [,1]
[1,]    5

> sqrt(sum(x^2))
[1] 5
>
```

다음으로 벡터의 내적은 다음과 같이 구할 수 있다.

```
> a <- 1:3
> b <- 3:5
> c <- 3:6
> d <- 3:8
>
> a*b
[1]  3  8 15
```

R에서 벡터의 곱셈은 단지 같은 위치에 있는 원소들의 곱으로 이루어진 벡터를 반환한다.

```
> a*c
[1]  3  8 15  6
Warning message:
In a * c : longer object length is not a multiple of shorter object
length
```

원소의 개수가 다른 벡터의 곱셈은 경고메시지와 순환규칙에 의해 원소의 개수가 큰 쪽인 4개 원소인 벡터를 반환한다.

```
> a*d
[1]  3  8 15  6 14 24
```

순환규칙에 의한 연산 결과를 반환하지만 원소 개수가 작은 쪽의 배수의 벡터와 곱셈으로 경고메시지는 없다.

그리고 수학적으로 행벡터와 열벡터의 곱셈은 스칼라가 되며, 열벡터와 행벡터의 곱셈은 행렬이 된다.

```
> sum(a*b)
[1] 26
> ab <- a%*%b
> ab
     [,1]
[1,]   26
```

R에서 벡터의 내적은 %*% 연산자를 이용하여 스칼라로 반환하지만 1×1 행렬이다.

```
> is.matrix(ab)
[1] TRUE
```

drop 함수를 이용하여 스칼라로 변환하면 다음과 같다.

```
> drop(a%*%b)
[1] 26

> a%*%d
Error in a %*% d : non-conformable arguments
```

벡터의 외적은 %o% 연산자를 이용하여 행렬로 변환하거나, t 함수를 이용하여 b를 행벡터로 변환한 뒤 %*% 연산자를 이용하여 벡터의 외적을 구할 수도 있으며, 마지막으로 outer 함수를 이용하여 구할 수도 있다.

```
> a%o%b
     [,1] [,2] [,3]
[1,]    3    4    5
```

```
[2,]    6    8   10
[3,]    9   12   15
> a%*%t(b)
     [,1] [,2] [,3]
[1,]    3    4    5
[2,]    6    8   10
[3,]    9   12   15
> outer(a,b)
     [,1] [,2] [,3]
[1,]    3    4    5
[2,]    6    8   10
[3,]    9   12   15
>
```

2.5 벡터공간

집합 S를 정의하고, 그 원소인 $\vec{a}$, $\vec{b}$에 대하여

$$\vec{a} \vee \vec{b} \in S$$

이면 집합 S는 연산 $\vee$에 대하여 닫혀 있다고 한다.

■ 벡터공간의 정의

벡터의 집합을 S 라고 할 때, 다음의 조건을 모두 만족하면 S는 **벡터공간**(vector space)이다.

(ㄱ) $\vec{a}$, $\vec{b} \in S$이면, $\vec{a}+\vec{b} \in S$

(ㄴ) $\vec{a}+\vec{b} = \vec{b}+\vec{a}$

(ㄷ) $\vec{a}+(\vec{b}+\vec{c}) = (\vec{a}+\vec{b})+\vec{c}$

(ㄹ) 임의의 $\vec{a} \in S$에 대하여, $\vec{0}+\vec{a} = \vec{a}+\vec{0} = \vec{a}$를 만족하는 $\vec{0} \in S$가 존재한다.

(ㅁ) 임의의 $\vec{a} \in S$에 대하여, $\vec{a} + (-\vec{a}) = (-\vec{a}) + \vec{a} = \vec{0}$를 만족하는 $-\vec{a} \in S$가 존재한다.

(ㅂ) k는 실수이고 $\vec{a} \in S$이면, $k\vec{a} \in S$

(ㅅ) $k(\vec{a}+\vec{b}) = k\vec{a}+k\vec{b}$

(ㅇ) $(k+l)\vec{a} = k\vec{a}+l\vec{a}$, ($l$은 실수)

(ㅈ) $k(l\vec{a}) = (kl)\vec{a}$

(ㅊ) 임의의 $\vec{a} \in S$에 대하여 $1\vec{a} = \vec{a}$

[예 3] $(\vec{x},\ \vec{y}) \in S$, $(\vec{x}',\ \vec{y}') \in S$이고, $(\vec{x},\vec{y})(\vec{x}',\vec{y}') = (\vec{x}+\vec{x}',\ \vec{y}+\vec{y}')$일 때, 실수 k에 대하여 $k(\vec{x},\ \vec{y}) = (2k\vec{x},\ 2k\vec{y})$로 정의된다. 이때 각각 $(\vec{x}+\vec{x}',\ \vec{y}+\vec{y}') \in S$, $(2k\vec{x},\ 2k\vec{y}) \in S$을 만족하는 S는 벡터공간인가?

해 k, l는 실수이고, $(\vec{x},\ \vec{y}) \in S$이면

$$k\{l(\vec{x},\ \vec{y})\} = k\{(2l\vec{x},\ 2l\vec{y})\} = (4kl\vec{x},\ 4kl\vec{y}) \qquad (2-3)$$

$$(kl)(\vec{x},\ \vec{y}) = (2kl\vec{x},\ 2kl\vec{y})$$

$$\Rightarrow k\{l(\vec{x},\vec{y})\} = (4kl\vec{x},\ 4kl\vec{y}) \neq (2kl\vec{x},\ 2kl\vec{y}) = (kl)(\vec{x},\ \vec{y})$$

$$\Rightarrow k\{l(\vec{x},\ \vec{y}) \neq (kl)(\vec{x},\ \vec{y})$$

그리고

$$1(\vec{x},\ \vec{y}) = (2 \cdot 1 \cdot \vec{x},\ 2 \cdot 1 \cdot \vec{y}) = (2\vec{x},\ 2\vec{y}) \neq (\vec{x},\ \vec{y}) \qquad (2-4)$$

$$\Rightarrow \quad 1(\vec{x},\ \vec{y}) \neq (\vec{x},\ \vec{y})$$

따라서 식 (2-3), (2-4)에 의해서 위의 정의 (ㅈ), (ㅊ)이 성립되지 않는다. 그러므로 S는 벡터공간이 아니다.

2.6 영벡터, 단위벡터, 기본단위벡터

성분이 모두 0인 벡터를 **영벡터**(null vector)라고 하고, $\vec{0}$으로 표기하고, $\| \vec{a} \| = 1$이면, $\vec{a}$는 **단위벡터**(unit vector)라고 한다. **기본단위벡터**(fundamental unit vector)를 $\vec{e_1}$, $\vec{e_2}$, $\cdots$, $\vec{e_n}$으로 표기한다. 즉

$$\vec{e_1}' = (1,\ 0,\ 0, \cdots,\ 0)$$

$$\vec{e_2}' = (0,\ 1,\ 0, \cdots,\ 0)$$

$$\vdots$$

$$\vec{e_n}' = (0,\ 0,\ 0, \cdots,\ 1)$$

일반적으로 벡터 $\vec{a}' = (a_1,\ a_2,\ \cdots,\ a_n)$는

$$\vec{a} = a_1\vec{e_1} + a_2\vec{e_2} + \cdots + a_n\vec{e_n} \tag{2-5}$$

즉

$$\begin{pmatrix} a_1 \\ a_2 \\ \vdots \\ a_n \end{pmatrix} = a_1\begin{pmatrix} 1 \\ 0 \\ \vdots \\ 0 \end{pmatrix} + a_2\begin{pmatrix} 0 \\ 1 \\ \vdots \\ 0 \end{pmatrix} + \cdots + a_n\begin{pmatrix} 0 \\ 0 \\ \vdots \\ 1 \end{pmatrix} \tag{2-6}$$

로 표기한다.

2.7 벡터의 선형결합

차수가 전부 같은 n개의 벡터 $\vec{v_1},\ \vec{v_2},\ \cdots,\ \vec{v_n}$ 과 상수인 $c_1,\ c_2,\ \cdots,\ c_n$ 의 다음과 같은 결합식

$$c_1\vec{v_1} + c_2\vec{v_2} + \cdots + c_n\vec{v_n}$$

을 벡터 $\vec{v_1},\ \vec{v_2},\ \cdots,\ \vec{v_n}$ 에 대한 **선형결합**(linear combination)이라고 한다. 예를 들어

$$\vec{v_1} = \begin{pmatrix} 1 \\ 0 \\ 2 \end{pmatrix},\quad \vec{v_2} = \begin{pmatrix} -3 \\ 1 \\ 2 \end{pmatrix},\quad \vec{v_3} = \begin{pmatrix} 0 \\ 2 \\ 1 \end{pmatrix}$$

에 대한 $-3\vec{v_1} + 2\vec{v_2} + \frac{1}{2}\vec{v_3}$는 $\vec{v_1},\ \vec{v_2},\ \vec{v_3}$에 대한 선형결합이다. 이 선형결합식의 값은 $\begin{pmatrix} -9 \\ 3 \\ -\frac{3}{2} \end{pmatrix}$으로서 역시 벡터가 됨을 알 수 있다. 또, n차원 공간 R^n에 속하는 모든 벡터들은 n차원 기본단위 벡터, $\vec{e_1},\ \vec{e_2},\ \cdots,\ \vec{e_n}$의 선형결합으로 표시할 수 있음을 알 수 있다.

한편, 3차원 공간 R^3에 속하는 세 벡터 $\vec{v_1},\ \vec{v_2},\ \vec{v_3}$에 대한 다음과 같은 선형결합

$$c_1\begin{pmatrix} v_{11} \\ v_{21} \\ v_{31} \end{pmatrix} + c_2\begin{pmatrix} v_{12} \\ v_{22} \\ v_{32} \end{pmatrix} + c_3\begin{pmatrix} v_{13} \\ v_{23} \\ v_{33} \end{pmatrix}$$

은

$$\begin{pmatrix} v_{11} & v_{12} & v_{13} \\ v_{21} & v_{22} & v_{23} \\ v_{31} & v_{32} & v_{33} \end{pmatrix}\begin{pmatrix} c_1 \\ c_2 \\ c_3 \end{pmatrix} = V\begin{pmatrix} c_1 \\ c_2 \\ c_3 \end{pmatrix} = \vec{a}$$

라고 쓸 수 있다.

따라서 이때 벡터 $\vec{a}$는 벡터 $\vec{c}$에서 행렬 V에 의하여 **선형변환**(linear transformation) 되었다고 하고, 특히 행렬 V를 **변환행렬**(transformation matrix)이라고 부른다.

한편, 벡터들의 선형독립과 종속에 관한 문제는 5장에서 취급하기로 한다.

2.8 크기와 관련된 정리

정리 2.2 $\vec{a}$, $\vec{b}$가 임의의 벡터일 때,

(1) $\| \vec{a}'\vec{b} \| \leqq \| \vec{a} \| \, \| \vec{b} \|$ (슈바르츠(Schwartz) 부등식)

(2) $\| \vec{a}+\vec{b} \| \leqq \| \vec{a} \| + \| \vec{b} \|$ (삼각 부등식)

(3) $\| \vec{a} \| \geqq 0$

(4) $\vec{a} \perp \vec{b}$이면 $\| \vec{a}+\vec{b} \|^2 = \| \vec{a} \|^2 + \| \vec{b} \|^2$ (피타고라스(Pythagorean) 정리)

증명

(1)
$$\begin{aligned} \| \vec{a} \|^2 \| \vec{b} \|^2 - \| \vec{a}'\vec{b} \|^2 &= (\sum a_i^2)(\sum b_i^2) - (\sum a_i b_i)^2 \\ &= \sum a_i^2 b_j^2 + \sum_{i \neq j} a_i^2 b_j^2 - \sum a_i^2 b_i^2 - \sum_{i \neq j} a_i a_j b_i b_j \\ &= \sum_{i > j} (a_i^2 b_j^2 + a_j^2 b_i^2 - 2a_i a_j b_i b_j) \\ &= \sum_{i > j} (a_i b_j - a_j b_i)^2 \geqq 0 \end{aligned}$$

(2)
$$\| \vec{a}+\vec{b} \|^2 = (\vec{a}+\vec{b})^2 = \vec{a^2} + \vec{b^2} + 2\vec{a}'\vec{b}$$

$$(\| \vec{a} \| + \| \vec{b} \|)^2 = \vec{a^2} + \vec{b^2} + 2\| \vec{a} \| \cdot \| \vec{b} \| \quad \vec{a}'\vec{b} \leqq \| \vec{a}'\vec{b} \| \leqq \| \vec{a} \| \, \| \vec{b} \|$$

$$\therefore \| \vec{a}+\vec{b} \| \leqq \| \vec{a} \| + \| \vec{b} \|$$

■ 참고: $\sum$기호의 사용법

•정의: $\sum_{i=1}^{n} a_i = a_1 + a_2 + \cdots + a_n$

• 규칙

I. $\sum_{i=1}^{n} a = na$

II. $\sum_{i=1}^{n}(a_i + b_i) = \sum_{i=1}^{n} a_i + \sum_{i=1}^{n} b_i$

III. $\sum_{i=1}^{n} ka_i = k\sum_{i=1}^{n} a_i$

IV. $\left(\sum_{i=1}^{n} a_i\right)\left(\sum_{i=1}^{n} b_j\right) = \sum_{i=1}^{n}\sum_{i=1}^{n} a_i b_j = \sum_{i=1}^{n} a_i b_i + \sum_{i \neq j} a_i b_j$

V. $\left(\sum_{i=1}^{n} a_i\right)^2 = \sum_{i=1}^{n} a_i^2 + \sum_{i \neq j}^{n} a_i a_j = \sum_{i=1}^{n} a_i^2 + 2\sum_{i<j}^{n} a_i a_j$

VI. $\sum_{i=1}^{n} i = \frac{n}{2}(n+1) = \frac{n^2}{2} + \frac{n}{2}$

$$\sum_{i=1}^{n} i^3 = \left[\frac{n}{2}(n+1)\right]^2 = \frac{n^4}{4} + \frac{n^3}{2} + \frac{n^2}{4}$$

$$\sum_{i=1}^{n} i^2 = \frac{n}{6}(n+1)(2n+1) = \frac{n^3}{3} + \frac{n^2}{2} + \frac{n}{6}$$

$$\sum_{i=1}^{n} i^4 = \frac{n^5}{5} + \frac{n^4}{2} + \frac{n^3}{3} - \frac{n}{30}$$

3 행렬

3.1 행렬의 정의

수 또는 수를 나타내는 문자를 직사각형의 모양으로 배열한 것을 묶어서 하나로 볼 때, 이것을 행렬(matrix)이라고 한다.

$$A = \begin{pmatrix} a_{11}, & a_{12}, \cdots, & a_{1q} \\ a_{21}, & a_{22}, \cdots, & a_{2q} \\ & \cdots\cdots\cdots & \\ a_{p1}, & a_{p2}, \cdots, & a_{pq} \end{pmatrix}$$

이러한 행렬 A를 p행 q열의 행렬 또는 $p \times q$행렬이라고 하고, 특히 $p = q$일 때는 p차 **정방행렬**(square matrix)이라고 한다. 행렬을 나타낼 때는 A_{pq}를 사용한다. a_{ij}를 행렬 A의 i행 j열 성분이라고 하고, a_{ij}를 사용해서

$$A = (a_{ij})_{pq}$$

라고 간단히 표기한다. 이때 pq를 그 행렬의 **차수**(order)라고 한다. 행렬 A는 p개의 행벡터를 아래로 늘여놓은 것으로 생각할 수도 있다. 즉

$$\begin{matrix} a_1' & (a_{11} & a_{12} & \cdots & a_{1q}) \\ a_2' & (a_{21} & a_{22} & \cdots & a_{2q}) \\ \vdots & & \cdots\cdots & \cdots\cdots & \\ a_p' & (a_{p1} & a_{p2} & \cdots & a_{pq}) \end{matrix} \Leftrightarrow \begin{pmatrix} a_1' \\ a_2' \\ \vdots \\ \vdots \\ a_p' \end{pmatrix}$$

이다. 마찬가지로 q개의 열벡터를 옆으로 늘여놓은 것도 생각할 수 있다. 즉

$$\begin{matrix} b_1 & b_2 & \cdots\cdots\cdots & b_q \\ \begin{pmatrix} a_{11} \\ a_{21} \\ \vdots \\ a_{p1} \end{pmatrix} & \begin{pmatrix} a_{12} \\ a_{22} \\ \vdots \\ a_{p2} \end{pmatrix} & \cdots\cdots\cdots & \begin{pmatrix} a_{1q} \\ a_{2q} \\ \vdots \\ a_{pq} \end{pmatrix} \end{matrix} \Leftrightarrow (b_1, b_2, \cdots, b_q)$$

따라서 p차 행벡터는 1행 p열의 행렬이고, p차 열벡터는 p행 1열의 행렬이다. 정방행렬 중 그 행렬의 대각성분을 제외한 나머지 모든 성분이 0인 행렬을 **대각행렬**(diagonal matrix)이라고 한다. 그리고 정방행렬 중 그 행렬의 대각성분과 그 위의(또는 아래의) 모든 성분을 제외한 나머지 성분이 0인 행렬을 **삼각행렬**(triangular matrix)이라고 한다.

$$\begin{pmatrix} 3 & 0 & 0 \\ 0 & -7 & 0 \\ 0 & 0 & 99 \end{pmatrix} \qquad \begin{pmatrix} 1 & 5 & 13 \\ 0 & -2 & 9 \\ 0 & 0 & 7 \end{pmatrix} \qquad \begin{pmatrix} 2 & 0 & 0 \\ 8 & 3 & 0 \\ 1 & -1 & 2 \end{pmatrix}$$

(a) 대각행렬 (b) 상삼각행렬 (c) 하삼각행렬

예를 들어 R에서 2×3 영행렬과 2×3 1행렬은 다음과 같다.

```
> matrix(0, nrow=2, ncol=3)
     [,1] [,2] [,3]
[1,]    0    0    0
[2,]    0    0    0
> matrix(1, nrow=2, ncol=3)
     [,1] [,2] [,3]
[1,]    1    1    1
[2,]    1    1    1
>
```

또 다른 예로 3×3 Hilbert 행렬의 (i,j) 성분은 $1/(i+j-1)$이다. R에서는 다음과 같다.

```
> H3<- 1/cbind(1:3,2:4,3:5)
> H3
          [,1]      [,2]      [,3]
[1,] 1.0000000 0.5000000 0.3333333
[2,] 0.5000000 0.3333333 0.2500000
[3,] 0.3333333 0.2500000 0.2000000
> diag(H3)
[1] 1.0000000 0.3333333 0.2000000
> diag(diag(H3))
     [,1]      [,2] [,3]
[1,]    1 0.0000000  0.0
[2,]    0 0.3333333  0.0
[3,]    0 0.0000000  0.2
>
```

lower.tri 함수와 upper.tri 함수로 상(하)삼각행렬을 얻을 수 있다. 함수의 결과는 논리적으로 나타나지만 결과와 같이 바꾸어 삼각행렬을 얻는다.

```
> lower.tri(H3)
      [,1]  [,2]  [,3]
[1,] FALSE FALSE FALSE
[2,]  TRUE FALSE FALSE
[3,]  TRUE  TRUE FALSE
>
> Htri<-H3
> Htri[lower.tri(Htri)] <- 0
> Htri
     [,1]      [,2]      [,3]
[1,]    1 0.5000000 0.3333333
```

```
[2,]    0 0.3333333 0.2500000
[3,]    0 0.0000000 0.2000000
>
```

3.2 R에서 행렬 생성

R에서 행렬을 생성하는 방법에는 몇 가지가 있다. 벡터의 속성이 길이와 형인데 반하여 행렬은 행과 열의 개수와 행과 열의 이름 속성을 더 갖고 있다.

1. 함수 matrix 사용

matrix 함수는 행렬을 만들어 주는 함수로서 벡터를 인수로 받아 들여 행렬을 만드는 함수이다.

행렬은 matrix( ) 함수를 이용하여 생성하는데 디폴트(default)는 열(column)을 기준으로 열을 먼저 채우는 방식으로 만든다. 벡터를 결합하여 행렬을 만들 때에는 rbind(), cbind( ) 함수를 사용한다. 형식은

```
matrix(x, ncol=, nrow=, byrow=T)
```

여기서 x는 행렬의 원소를 포함하고 있는 벡터이고 ncol이나 nrow는 행렬의 열이나 행의 수를 준다. byrow가 T이면 x의 값을 행으로, F이면 열으로 먼저 채운다.

```
>matrix(c(1, 2, 3, 4), ncol=2, byrow=T)
     [,1] [,2]
[1,]    1    2
[2,]    3    4
>matrix(1:4, ncol=2, byrow=F)
     [,1] [,2]
[1,]    1    3
[2,]    2    4
```

```
> U<-matrix(c(1,2,3,4),2,2,byrow=T)
> V<-matrix(c(5,6,7,8),2,2,byrow=T)
> W<-matrix(c(2,2,3,5),2,2,byrow=T)
> A<-matrix(c(1,2,3,4,5,6),2,3,byrow=T)
> B<-matrix(c(1,2,3,4,5,6),3,2,byrow=T)
>
> U; V; W
     [,1] [,2]
```

```
[1,]    1    2
[2,]    3    4
     [,1] [,2]
[1,]    5    6
[2,]    7    8
     [,1] [,2]
[1,]    2    2
[2,]    3    5
> A;B
     [,1] [,2] [,3]
[1,]    1    2    3
[2,]    4    5    6
     [,1] [,2]
[1,]    1    2
[2,]    3    4
[3,]    5    6
```

위의 예로부터 matrix 함수에서 nrow와 ncol은 행과 열의 개수이고, byrow는 행렬의 원소인 벡터를 행 방향으로 배치시키거나 열 방향으로 배치시킨다. 이 값이 T(TRUE)이면 원소를 행 방향으로, F(FALSE)를 갖거나 생략하면 열 방향으로 우선 배치하는 것을 볼 수 있다.

행렬의 행과 열에 이름을 부여하고 싶으면 dimnames( ) 함수를 사용한다.

```
>A<-matrix(seq(1:9), ncol=3)
> A
     [,1] [,2] [,3]
[1,]    1    4    7
[2,]    2    5    8
[3,]    3    6    9

>dimnames(A) <- list (c(" R1 ", " R2 ", " R3 "), c(" C1 ", " C2 ", " C3 
"))
>A
A
    C1   C2   C3
 R1    1    4    7
 R2    2    5    8
 R3    3    6    9
```

```
> U<-matrix(c(1,2,3,4),nrow=2, dimnames=list(
+ c("Row.1", "Row.2"),
```

```
+ c("Col.1", "Col.2")))
> U
      Col.1 Col.2
Row.1     1     3
Row.2     2     4
> attributes(U)
$dim
[1] 2 2

$dimnames
$dimnames[[1]]
[1] "Row.1" "Row.2"

$dimnames[[2]]
[1] "Col.1" "Col.2"


> dim(U)
[1] 2 2
> dimnames(U)
[[1]]
[1] "Row.1" "Row.2"

[[2]]
[1] "Col.1" "Col.2"

> length(U)
[1] 4
> mode(U)
[1] "numeric"
> matrix(1:3)
     [,1]
[1,]    1
[2,]    2
[3,]    3
>
```

위의 예에서 행렬의 행 이름과 열 이름은 dimnames라는 **리스트**(list) 값으로 지정한다. 행렬의 속성은 attributes 함수를 사용하는데, 행렬의 차원인 dim과 행과 열의 이름인 dimnames를 반환한다. 이들은 개별적으로 dim 함수와 dimnames 함수를 사용할 수 있다. 행렬의 길이와 기본형은 length 함수와 mode 함수를 사용한다.

또한 matrix 함수에서 nrow와 ncol의 인수를 사용하지 않으면 열의 개수가 1인

$m \times 1$ 행렬을 생성한다. 여기서 m은 matrix 함수에서 사용한 벡터의 길이를 의미한다.

다음을 시행하자.

```
> A <- matrix(c(1,2,3,4,5,6), nrow=2, ncol=3, byrow=F)
> B <- matrix(c(1,2,3,4,5,6), nrow=2, ncol=3, byrow=T)
> A
     [,1] [,2] [,3]
[1,]    1    2    3
[2,]    4    5    6
>
> B
     [,1] [,2] [,3]
[1,]    1    2    3
[2,]    4    5    6
>
> C <- matrix(c(1,2,3,4,5,6),2,3)
> C
     [,1] [,2] [,3]
[1,]    1    3    5
[2,]    2    4    6
>
> D <- matrix(c(1,2,3,4,5,6),2,3, byrow=T)
> D
     [,1] [,2] [,3]
[1,]    1    2    3
[2,]    4    5    6
>
> E<-matrix(c(1,2,3,4,5,6),ncol=2,nrow=3,byrow=T)
>
> E
     [,1] [,2]
[1,]    1    2
[2,]    3    4
[3,]    5    6
>
> F<-matrix(c(1,2,3,4,5,6))
> F
     [,1]
[1,]    1
[2,]    2
[3,]    3
[4,]    4
```

```
[5,]    5
[6,]    6
>

> a<-c(1,2,3)
> a
[1] 1 2 3
```

2. rbind 함수 사용

rbind 함수는 벡터를 행 방향으로 묶는 함수이다. 이 함수는 각각의 벡터들의 길이를 같게 만든다.

```
> rbind(1:2, rep(c(1,2),2))
     [,1] [,2] [,3] [,4]
[1,]    1    2    1    2
[2,]    1    2    1    2
```

만약 벡터의 길이가 다르면 이 경우 긴 벡터의 길이가 짧은 벡터 길이의 배수일 경우만 가능하다. 만약 배수가 아니면 에러가 발생한다.

```
> rbind(1:4, 4:1, 1:2)
     [,1] [,2] [,3] [,4]
[1,]    1    2    3    4
[2,]    4    3    2    1
[3,]    1    2    1    2

> rbind(1:4, 4:1, 1:3)
     [,1] [,2] [,3] [,4]
[1,]    1    2    3    4
[2,]    4    3    2    1
[3,]    1    2    3    1
Warning message:
In rbind(1:4, 4:1, 1:3) :
  number of columns of result is not a multiple of vector length (arg 3)
```

3. cbind 함수를 사용

cbind 함수는 벡터를 열 방향으로 묶는 함수로 rbind 함수와 동일하다.

```
> cbind(1:4, rep(c(1,2),2))
     [,1] [,2]
[1,]    1    1
[2,]    2    2
[3,]    3    1
[4,]    4    2
> cbind("Col.1"=1:4, "Col.2"=rep(c(1,2),2))
     Col.1 Col.2
[1,]     1     1
[2,]     2     2
[3,]     3     1
[4,]     4     2
```

이외에도 dim 함수와 array 함수를 이용하여 행렬을 만들 수 있다.

행렬에서는 특정한 행과 열을 따로 분리할 수 있고, 연산도 가능하다. 예를 들어 행렬 A의 j번째 열은 A[,j], A의 I번째 행은 A[i,]로 얻어진다.

```
>A[,2]
 R1  R2  R3
  4   5   6
>A[3,]
 C1  C2  C3
  3   6   9
```

특정한 행이나 열에 어떤 연산을 취하여 값을 바꾸려면 다음과 같이 연산한다.

```
>A[,3] <- A[,3] - 20
>A
    C1  C2  C3
 R1   1   4 -13
 R2   2   5 -12
 R3   3   6 -11
```

행렬 A의 부분행렬을 얻으려면 행렬의 인덱스에 필요한 부분만 넣으면 된다.

```
>A[2:3,]
    C1  C2  C3
 R2   2   5 -32
 R3   3   6 -31
```

다음은 행렬 A의 1, 2행과 2, 3열로 이루어진 부분행렬이다.

```
>A[1:2, 2:3]
     C2  C3
 R1   4 -33
 R2   5 -32
```

행렬 A의 특정한 원소는 i, j번째 원소는 A[i, j]를 입력하면 된다.

```
>A[2,3]
[1] -32
```

몇 개의 길이가 같은 벡터를 이용하여 행렬로 만드는 함수로는 cbind( ) 함수와 rbind( ) 함수가 있다. cbind( ) 함수는 입력으로 주어진 벡터를 순서대로 행렬의 1열, 2열, …으로 만들고 rbind( ) 함수는 행렬의 1행, 2행, …으로 만든다.

```
>x <- c(1,2)
>y <- c(2,3)
>z <- rbind(x,y)
>z
 [,1] [,2]
x    1    2
y    2    3
>w <- cbind(x,y)
>w
     x y
[1,] 1 2
[2,] 2 3
```

3.3 행렬의 상등과 가법

행렬에 대한 다음과 같은 규칙은 벡터와 같다.

(1) $A_{pq} = B_{rs} \Leftrightarrow p = r,\ q = s, a_{ij} = b_{ij}$

(2) $A + B = C \Leftrightarrow c_{ij} = a_{ij} + b_{ij}$

(3) $kA = B \ \Leftrightarrow b_{ij} = ka_{ij}$

규칙 (2), (3)은 행의 수와 열의 수가 같을 때만 정의된다는 것으로 벡터의 경우와 같다.

[예 4] $\begin{pmatrix} x & y \\ z & w \end{pmatrix} = \begin{pmatrix} 0 & 1 \\ 2 & 3 \end{pmatrix} \Rightarrow x = 0,\ y = 1, z = 2,\ w = 3$

[예 5] $\begin{pmatrix} a_{11} & a_{12} & a_{13} \\ a_{21} & a_{22} & a_{23} \end{pmatrix} + \begin{pmatrix} b_{11} & b_{12} & b_{13} \\ b_{21} & b_{22} & b_{23} \end{pmatrix} = \begin{pmatrix} a_{11}+b_{11} & a_{12}+b_{12} & a_{13}+b_{13} \\ a_{21}+b_{21} & a_{22}+b_{22} & a_{23}+b_{23} \end{pmatrix}$

[예 6] $k\begin{pmatrix} 1 & 2 & 3 \\ a & b & c \end{pmatrix} = \begin{pmatrix} k & 2k & 3k \\ ka & kb & kc \end{pmatrix}$

(4) 성분이 모두 0인 행렬을 **영행렬**(null matrix)이라고 하고, O으로 나타낸다. O에 대해서는 다음의 관계가 성립한다.

$$A + O = A$$

3.4 행렬의 곱

두 개의 행렬 A, B에 대하여 곱 AB는 A의 열의 수와 B의 행의 수가 같을 때만 다음과 같이 정의된다.

$$A_{pn} = \begin{pmatrix} a'_1 \\ a'_2 \\ \vdots \\ a'_p \end{pmatrix}, \qquad B_{nq} = (b_1, b_2, \cdots, b_q)$$

라고 하자. 여기서 a_i', b_j는 n차 벡터이다.

$$AB = \begin{pmatrix} a'_1 b_1 & a'_1 b_2 & \cdots & a'_1 b_q \\ a'_2 b_1 & a'_2 b_2 & \cdots & a'_2 b_q \\ \cdots & \cdots & \cdots & \cdots \\ a'_p b_1 & a'_p b_2 & \cdots & a'_p b_q \end{pmatrix}$$

여기서 $a_i' b_j = \sum_{k=1}^{n} a_{ik} b_{kj}$ 이다.

또는

$$A_{pn} B_{nq} = (a_i' b_j)_{pq}$$

이다. 즉, 행의 수와 열의 수에 대해서 $(p \times n)(n \times q) = (p \times q)$로 된다. 따라서 AB가 존재하여도, BA가 존재하지 않을 때도 있다.

정리 2.3 A가 $p\times n$의 차수를 가진 행렬일 때,

(1) 행렬 B가 n행을 갖기만 하면, AB는 존재한다.

(2) 행렬 B가 p열을 갖기만 하면, BA는 존재한다.

(3) 행렬 B가 $n\times p$ 차수이기만 하면, AB와 BA가 모두 존재한다.

(4) 대각행렬 D의 각 대각성분을 k_{ii}, $i=1,2,\cdots,n$, 행렬 A에 대하여 DA가 존재할 때, DA의 결과는 행렬 A에 각 열의 모든 성분에 각각 $k_{11},k_{22},\cdots,k_{nn}$배 한 행렬로 변한다.

또, 행렬 A, B가 둘 다 p차 정방행렬이면 AB, BA는 존재하지만 일반적으로

$$AB \neq BA$$

이다. 특히

$$AB = BA$$

가 성립할 때를 **교환**(commutative)이라고 한다.

[예 7]

1) $A = \begin{pmatrix} 1 & 2 \\ 2 & 3 \end{pmatrix}$, $B = \begin{pmatrix} 3 & 7 \\ 7 & 6 \end{pmatrix}$

2) $A = \begin{pmatrix} 1 & 2 \\ 3 & 4 \end{pmatrix}$, $B = \begin{pmatrix} 0 & 2 \\ 3 & 3 \end{pmatrix}$

3.5 R에서 행렬의 연산

먼저 행렬에 대한 전치행렬을 구하는 R 함수는 t 함수를 이용하여 쉽게 구할 수 있다.

```
> U<-matrix(c(1,2,3,4),2,2,byrow=T)
> V<-matrix(c(5,6,7,8),2,2,byrow=T)
> W<-matrix(c(2,2,3,5),2,2,byrow=T)
> A<-matrix(c(1,2,3,4,5,6),2,3,byrow=T)
> B<-matrix(c(1,2,3,4,5,6),3,2,byrow=T)
>
> U; V; W
     [,1] [,2]
[1,]    1    2
[2,]    3    4
```

```
     [,1] [,2]
[1,]    5    6
[2,]    7    8
     [,1] [,2]
[1,]    2    2
[2,]    3    5
> A;B
     [,1] [,2] [,3]
[1,]    1    2    3
[2,]    4    5    6
     [,1] [,2]
[1,]    1    2
[2,]    3    4
[3,]    5    6

>
> t(U)
     [,1] [,2]
[1,]    1    3
[2,]    2    4
>
> N.row <- NROW(U)
> N.row
[1] 2
> N.col <- NCOL(U)
> N.col
[1] 2
>
```

1. 행렬의 덧셈

R에서 행렬의 덧셈은 다음과 같이 스칼라와 행렬의 덧셈, 벡터와 행렬의 덧셈, 행렬과 행렬의 덧셈이 있다. 일반적으로 R에서 벡터는 수학적으로 열벡터를 의미한다. 그런데 R Command 창에서 벡터는 마치 행벡터처럼 보인다. 그러나 사실 R의 벡터는 열벡터이다.

```
> U+V;2+U
     [,1] [,2]
[1,]    6    8
[2,]   10   12
     [,1] [,2]
[1,]    3    4
```

```
[2,]    5    6
> U+V;2+U; 2*U
     [,1] [,2]
[1,]    6    8
[2,]   10   12
     [,1] [,2]
[1,]    3    4
[2,]    5    6
     [,1] [,2]
[1,]    2    4
[2,]    6    8
```

2. 행렬의 뺄셈

행렬의 뺄셈은 행렬의 덧셈과 유사하나 교환법칙이 성립하지 않는다.

```
> U-3
     [,1] [,2]
[1,]   -2   -1
[2,]    0    1
> U-V
     [,1] [,2]
[1,]   -4   -4
[2,]   -4   -4
> V-U
     [,1] [,2]
[1,]    4    4
[2,]    4    4
>

> A <- matrix(c(1,2,3,4,5,6), nrow=2, ncol=3, byrow=F)
> B <- matrix(c(1,2,3,4,5,6), nrow=2, ncol=3, byrow=T)
> C <- matrix(c(1,2,3,4,5,6),2,3)
> D <- matrix(c(1,2,3,4,5,6),2,3, byrow=T)
> E <-matrix(c(1,2,3,4,5,6),ncol=2,nrow=3,byrow=T)
> F <-matrix(c(1,2,3,4,5,6))

> A+C
     [,1] [,2] [,3]
[1,]    2    5    8
[2,]    6    9   12

> A-D
```

```
     [,1] [,2] [,3]
[1,]    0    0    0
[2,]    0    0    0

> A+E
Error in A + E : 배열의 크기가 올바르지 않습니다

> E
     [,1] [,2]
[1,]    1    2
[2,]    3    4
[3,]    5    6

> t(E)
     [,1] [,2] [,3]
[1,]    1    3    5
[2,]    2    4    6

> A+t(E)
     [,1] [,2] [,3]
[1,]    2    5    8
[2,]    6    9   12
```

3. 행렬의 곱셈

R에서의 벡터와 행렬의 곱셈 연산은 수학적 연산과 벡터와 행렬의 연산으로 구별된다.

수학적으로 행렬의 곱셈은 두 벡터의 곱셈, 행렬과 벡터의 곱셈 그리고 행렬과 행렬의 곱셈으로 생각할 수 있으며 이들 곱셈이 성립하기 위해서는 앞에서 보았듯이 몇 가지 기본 조건이 필요하다.

R의 데이터 구조로서의 곱셈은 수학적 기본 조건과 관련 없이 벡터를 기반으로 한 R의 순환규칙이 적용된다.

수학에서 행벡터와 행렬의 곱셈은 원소 개수가 행렬의 열의 수와 동일한 행벡터를 반환하고, 행렬과 열벡터의 곱셈은 원소 개수가 행렬의 행 개수와 동일한 열벡터를 반환한다. 다음은 %*% 연산자를 이용하여 행벡터와 열벡터를 반환하였다.

```
> a<-1:2
> a%*%U
     [,1] [,2]
[1,]    7   10
> U%*%a
```

```
     [,1]
[1,]    5
[2,]   11
```

다음은 행렬과 행렬 간의 곱셈 연산을 보여 준다.

행렬과 행렬의 곱셈은, 행의 수는 앞 행렬의 행의 수를 열의 수는 뒤 행렬의 열의 수와 동일한 행렬을 반환한다. 이때 앞 행렬의 열의 수는 뒤 행렬의 행의 수와 동일해야 한다.

```
> U%*%V; V%*%U
     [,1] [,2]
[1,]   19   22
[2,]   43   50
     [,1] [,2]
[1,]   23   34
[2,]   31   46
>
> A%*%B; B%*%A
     [,1] [,2]
[1,]   22   28
[2,]   49   64
     [,1] [,2] [,3]
[1,]    9   12   15
[2,]   19   26   33
[3,]   29   40   51
>
> U%*%A; U%*t(B)
     [,1] [,2] [,3]
[1,]    9   12   15
[2,]   19   26   33
에러: 예상하지 못한 입력입니다. in " U%*t(B)"

> U%*%A; U%*%t(B)
     [,1] [,2] [,3]
[1,]    9   12   15
[2,]   19   26   33
     [,1] [,2] [,3]
[1,]    5   11   17
[2,]   11   25   39
>
> U%*%W; W%*%U
     [,1] [,2]
```

```
[1,]    8   12
[2,]   18   26
     [,1] [,2]
[1,]    8   12
[2,]   18   26

> V%*%W; W%*%V
     [,1] [,2]
[1,]   28   40
[2,]   38   54
     [,1] [,2]
[1,]   24   28
[2,]   50   58
```

행렬의 외적은 t(U)%*%U 연산자를 이용하거나 crosspod 함수를 이용한다.

```
>
> t(U)%*%U
     [,1] [,2]
[1,]   10   14
[2,]   14   20

> crossprod(U)
     [,1] [,2]
[1,]   10   14
[2,]   14   20
>
```

다음을 실행해 보자.

```
> A <- matrix(c(1,2,3,4,5,6), nrow=2, ncol=3, byrow=F)
> B <- matrix(c(1,2,3,4,5,6), nrow=3, ncol=2, byrow=T)

> A; A%*%B; B; B%*%A
     [,1] [,2] [,3]
[1,]    1    2    3
[2,]    4    5    6
     [,1] [,2]
[1,]   22   28
[2,]   49   64
     [,1] [,2]
[1,]    1    2
```

```
[2,]    3    4
[3,]    5    6
     [,1] [,2] [,3]
[1,]    9   12   15
[2,]   19   26   33
[3,]   29   40   51

> t(B)
     [,1] [,2] [,3]
[1,]    1    3    5
[2,]    2    4    6

> A*t(B)
     [,1] [,2] [,3]
[1,]    1    6   15
[2,]    8   20   36


> U<-matrix(c(1,2,3,4),2,2,byrow=T)
> V<-matrix(c(5,6,7,8),2,2,byrow=T)

> U
     [,1] [,2]
[1,]    1    2
[2,]    3    4

> V
     [,1] [,2]
[1,]    5    6
[2,]    7    8

> U%*%V
     [,1] [,2]
[1,]   19   22
[2,]   43   50

> V%*%U
     [,1] [,2]
[1,]   23   34
[2,]   31   46


> W<-matrix(c(2,2,3,5),2,2,byrow=T)
```

```
> W
     [,1] [,2]
[1,]    2    2
[2,]    3    5

> U%*%W
     [,1] [,2]
[1,]    8   12
[2,]   18   26

> W%*%U
     [,1] [,2]
[1,]    8   12
[2,]   18   26

> U%*%A
     [,1] [,2] [,3]
[1,]    9   12   15
[2,]   19   26   33

> B
     [,1] [,2]
[1,]    1    2
[2,]    3    4
[3,]    5    6

> U%*%B
Error in U %*% B : 적합한 인자들이 아닙니다

> t(B)
     [,1] [,2] [,3]
[1,]    1    3    5
[2,]    2    4    6

> U%*%t(B)
     [,1] [,2] [,3]
[1,]    5   11   17
[2,]   11   25   39

> t(U%*%V)
     [,1] [,2]
[1,]   19   43
[2,]   22   50
```

```
> t(V)%*%t(U)
     [,1] [,2]
[1,]   19   43
[2,]   22   50

> t(U)%*%t(V)
     [,1] [,2]
[1,]   23   31
[2,]   34   46

> t(U%*%W)
     [,1] [,2]
[1,]    8   18
[2,]   12   26

> t(W)%*%t(U)
     [,1] [,2]
[1,]    8   18
[2,]   12   26

> t(U)%*%t(W)
     [,1] [,2]
[1,]    8   18
[2,]   12   26

> U%*%t(W)
     [,1] [,2]
[1,]    6   13
[2,]   14   29

> t(W)%*%U
     [,1] [,2]
[1,]   11   16
[2,]   17   24

> crossprod(A); t(A)%*%A
     [,1] [,2] [,3]
[1,]   17   22   27
[2,]   22   29   36
[3,]   27   36   45
     [,1] [,2] [,3]
[1,]   17   22   27
[2,]   22   29   36
[3,]   27   36   45
```

```
> tcrossprod(A); A%*%t(A)
     [,1] [,2]
[1,]   14   32
[2,]   32   77
     [,1] [,2]
[1,]   14   32
[2,]   32   77

> crossprod(A,D); t(A)%*%D
     [,1] [,2] [,3]
[1,]   17   22   27
[2,]   22   29   36
[3,]   27   36   45
     [,1] [,2] [,3]
[1,]   17   22   27
[2,]   22   29   36
[3,]   27   36   45

> tcrossprod(A,D); A%*%t(D)
     [,1] [,2]
[1,]   14   32
[2,]   32   77
     [,1] [,2]
[1,]   14   32
[2,]   32   77


> X<-matrix(c(1,2,3,4,5,6,7,8,9),3,3,byrow=T)
> X
     [,1] [,2] [,3]
[1,]    1    2    3
[2,]    4    5    6
[3,]    7    8    9

> a<-c(1,2,3)
> a%*%X
     [,1] [,2] [,3]
[1,]   30   36   42

> b<-c(4,5,6)
> X%*%b
     [,1]
[1,]   32
[2,]   77
[3,]  122
```

```
> a%*%b
     [,1]
[1,]   32

> b%*%a
     [,1]
[1,]   32

> a<-matrix(a,3,1)
> a
     [,1]
[1,]    1
[2,]    2
[3,]    3

> b<-matrix(b,1,3)
> b
     [,1] [,2] [,3]
[1,]    4    5    6

> b%*%a
     [,1]
[1,]   32

> a%*%b
     [,1] [,2] [,3]
[1,]    4    5    6
[2,]    8   10   12
[3,]   12   15   18
```

3.6 멱등행렬

AA를 A^2로 표기하고,

$$A^2 = A$$

일 때, A를 **멱등행렬**(idempotent matrix)이라고 한다. 모든 멱등행렬은 정방행렬이다.

A가 멱등행렬이면, A의 모든 제곱은 A와 같아진다. 즉, $A^k = A$이다. 단, A가 멱등행렬이면 $I - A$도 멱등행렬이다. 즉, $A^2 = A$이면 $(I - A)^2 = I - A$이다. 그러나 $A - I$는 멱등행렬이 아니다. 또, 어떤 두 멱등행렬 A, B에 대하여 $AB = BA$가 성립하면, AB는 멱등행렬이다.

다음은 특수한 멱등행렬로서 모든 원소가 전부 1인 정방행렬 J_n이다.

$$J_n = \begin{pmatrix} 1 & \cdots\cdots & 1 \\ \vdots & & \vdots \\ \vdots & & \vdots \\ 1 & \cdots & 1 \end{pmatrix}$$

이때, 행렬 $\overline{J_n} = \dfrac{1}{n} J_n$ 을 생각하면,

$$\overline{J_n} = \frac{1}{n} J_n = \frac{1}{n} \begin{pmatrix} 1 & \cdots\cdots & 1 \\ \vdots & & \vdots \\ 1 & \cdots\cdots & 1 \end{pmatrix}_{n \times n}$$

은 멱등행렬이다. 즉 $\overline{J_n}^2 = \overline{J_n}$이다. 또한 $C_n = I - \overline{J_n}$도 멱등행렬이다. 이 행렬 C_n을 **중심화 행렬**(centering matrix)이라고 한다. 특히 통계학에서 유용하다. 예를 들면 편차의 제곱합

$$\begin{aligned} \sum_{i=1}^{n} (x_i - \overline{x})^2 &= \sum_{i=1}^{n} x_i^2 - n\overline{x}^2 \\ &= x'x - \frac{1}{n} x' 1_n 1_n' x \\ &= x'(I_n - \overline{J_n})x = x' C_n x \end{aligned}$$

R에서 중심화 행렬 C_3는 다음과 같다.

```
> diag(rep(1,3))-matrix(rep(1,9),3,3)/3
           [,1]       [,2]       [,3]
[1,]  0.6666667 -0.3333333 -0.3333333
[2,] -0.3333333  0.6666667 -0.3333333
[3,] -0.3333333 -0.3333333  0.6666667
```

일반적인 중심화 행렬 C_n을 R에서 다음과 같이 생성할 수 있다.

```
>Cn <- function(n)
+ {Cn <-diag(rep(1,n))-matrix(rep(1,n*n),n,n)/n
+return(Cn)}
```

[예 8]

$C_n = I - \overline{J_n}$이 멱등행렬임을 보여라.

$I - J_n$는 멱등행렬이 아님을 보여라.

[예 9]

$$A=\begin{pmatrix}0&1&1\\0&0&1\\0&0&0\end{pmatrix}\text{일 때,}\quad A^2=\begin{pmatrix}0&0&1\\0&0&0\\0&0&0\end{pmatrix},\ A^3=\begin{pmatrix}0&0&0\\0&0&0\\0&0&0\end{pmatrix}$$

따라서 A는 멱등행렬이 아니다.

R에서 행렬 A는 정방행렬이나 멱등행렬이 아님을 확인할 수 있다.

```
> library(matrixcalc)
> A<- matrix( c(0,0,0,1,0,0,1,1,0), nrow=3)
> A
     [,1] [,2] [,3]
[1,]    0    1    1
[2,]    0    0    1
[3,]    0    0    0

> is.square.matrix( A )
[1] TRUE
>
> is.idempotent.matrix( A )
[1] FALSE
>
```

[예 10] 멱등행렬인 2차 정방행렬 A를 구하라.

해 $A=\begin{pmatrix}a&b\\c&d\end{pmatrix}$라고 둔다.

$$A^2=\begin{pmatrix}a&b\\c&d\end{pmatrix}\begin{pmatrix}a&b\\c&d\end{pmatrix}=\begin{pmatrix}a^2+bc&b(a+d)\\c(a+d)&bc+d^2\end{pmatrix}$$

$A=A^2 \Rightarrow a=a^2+bc\cdots$ ①　　　$c=c(a+d)\cdots$ ③

$b=b(a+d)\cdots$ ②　　　$d=bc+d^2\cdots$ ④

②에서 $b[1-(\overline{a+d})]=0 \Rightarrow b=0$ 혹은 $a+d=1$

③에서 $c[1-(\overline{a+d})]=0 \Rightarrow c=0$ 혹은 $a+d=1$

① − ④에서 $a-d=a^2-d^2=(a+d)(a-d)$

$(a-d)[1-(\overline{a+d})]=0 \Rightarrow a=d$ 혹은 $a+d=1$

i) $a+d \neq 1$일 때

$$b=c=0, \quad a=d$$

①로부터 $a=a^2$, $a(1-a)=0$, $a=0$, 혹은, $a=1$

$\therefore\ a=b=c=d=0$, 혹은, $a=d=1$, $b=c=0$

$\begin{pmatrix} 0 & 0 \\ 0 & 0 \end{pmatrix}$, 혹은, $\begin{pmatrix} 1 & 0 \\ 0 & 1 \end{pmatrix}$

ii) $a+d=1$일 때 ①로부터 $a^2-a+bc=0$.

a의 이차방정식이므로

$$a=\frac{1\pm\sqrt{1-4bc}}{2}$$

이것을 $a+d=1$에 대입하면,

$$d=\frac{1\mp\sqrt{1-4bc}}{2}$$

$$\begin{pmatrix} \dfrac{1\pm\sqrt{1-4bc}}{2} & b \\ c & \dfrac{1\mp\sqrt{1-4bc}}{2} \end{pmatrix} \quad \left(\begin{matrix} bc>1/4\text{일 때는} \\ \text{복소수 행렬이다} \end{matrix}\right)$$

3.7 단위행렬

p차 정방행렬

$$I=\begin{pmatrix} 1 & 0 & 0 & \cdots & 0 \\ 0 & 1 & 0 & \cdots & 0 \\ & \cdots & \cdots & \cdots & \\ 0 & 0 & 0 & \cdots & 1 \end{pmatrix}$$

또는

$$I=(\delta_{ij}), \qquad \delta_{ij}=\begin{cases} 1\ (i=j) \\ 0\ (i\neq j) \end{cases}$$

를 **항등행렬**(identity matrix), 또는 **단위행렬**(unit matrix)이라고 한다. 특히, 차수를 나타낼 필요가 있을 때는 첨자를 사용하여 I_p라고 쓴다. 단위행렬에 대해서는 다음 식이 성립한다.

$$A_{np}I_p = A_{np}$$

$$I_n A_{np} = A_{np}$$

A가 p차 정방행렬이면

$$AI = IA = A$$

즉, 이때의 곱은 교환할 수도 있다.

행렬의 곱에 대해서는 다음의 규칙들이 성립한다.

(1) $(AB)C = A(BC)$
(2) $A(B+C) = AB + AC$
(3) $(A+B)C = AC + BC$
(4) $(AB)' = B'A'$
(5) $AO = OA = O$

예를 들어 3×3 대각행렬과 3×3 단위행렬을 R에서 생성한다.

```
> diag(c(1,2,3))
     [,1] [,2] [,3]
[1,]    1    0    0
[2,]    0    2    0
[3,]    0    0    3
> diag(1,3)
     [,1] [,2] [,3]
[1,]    1    0    0
[2,]    0    1    0
[3,]    0    0    1
>
> A<-c(1,2,3)
> diag(A)
     [,1] [,2] [,3]
[1,]    1    0    0
[2,]    0    2    0
[3,]    0    0    3
>
> diag(diag(c(1,2,3)))
[1] 1 2 3
```

일반적으로 R에서 n개의 행과 열을 가진 단위행렬은 다음과 같이 구할 수 있다(여기서 $n = 12$).

```
> id=function(n) diag(c(1), nrow=n, ncol=n)
> I12=id(12)
> I12
      [,1]  [,2] [,3] [,4] [,5] [,6] [,7] [,8] [,9]  [,10] [,11]
[,12]
 [1,]   1    0    0    0    0    0    0    0    0     0     0     0
 [2,]   0    1    0    0    0    0    0    0    0     0     0     0
 [3,]   0    0    1    0    0    0    0    0    0     0     0     0
 [4,]   0    0    0    1    0    0    0    0    0     0     0     0
 [5,]   0    0    0    0    1    0    0    0    0     0     0     0
 [6,]   0    0    0    0    0    1    0    0    0     0     0     0
 [7,]   0    0    0    0    0    0    1    0    0     0     0     0
 [8,]   0    0    0    0    0    0    0    1    0     0     0     0
 [9,]   0    0    0    0    0    0    0    0    1     0     0     0
[10,]   0    0    0    0    0    0    0    0    0     1     0     0
[11,]   0    0    0    0    0    0    0    0    0     0     1     0
[12,]   0    0    0    0    0    0    0    0    0     0     0     1
>
```

3.8 전치행렬

행렬의 행과 열을 서로 바꾸어 놓은 행렬을 말한다. 즉, 주어진 행렬에서 i번째 행과 j번째 열에 속하는 원소 a_{ij}는 j번째 행과 i번째 열에 속하는 a_{ji}로 된다.

주어진 행렬 A의 전치를 A'이라고 표시하면

$$A = (a_{ij})_{pq}$$

일 때

$$A' = (a_{ij})'_{pq} = (a_{ji})_{qp}$$

이다.

전치행렬은 다음과 같은 성질을 만족한다.

(1) $(A')' = A$

(2) $(A + B)' = A' + B'$

(3) $(AB)' = B'A'$

증명

(3) $AB = C = (c_{ij}) = (\sum_k a_{ik} b_{ki})$

라고 하면

$$(AB)' = C' = (c_{ij})' = (c_{ji}) = (\sum_k a_{jk} b_{ki}) = (\sum_k a'_{kj} b'_{ik})$$
$$= (\sum_k b'_{ik} a'_{kj}) = B'A'$$

3.9 대칭행렬

주어진 행렬 A와 그것의 전치 A'과 서로 같을 때 행렬 A를 **대칭행렬**(symmetric matrix)이라고 한다. 즉

$$A = A'$$

인 경우이다.

행렬 A가 대칭행렬이 되기 위해서는 정방행렬이어야 한다. 이러한 사실로부터 행렬 A_{pp}가 대칭행렬이 되기 위해서는 모든 $i \cdot j$에 대하여

$$a_{ij} = a_{ji}$$

이어야 한다.

대칭행렬은 다음과 같은 성질을 만족한다.

(1) 행렬 A, B가 모두 대칭행렬일 때 $(A = A',\ B = B')$

두 행렬의 곱 AB는 행렬 $A,\ B$가 같은 차수일 때 존재하지만 같은 차수일 때 존재하는 AB는 항상 대칭행렬이라고 할 수 없다.

[예 11] $A = \begin{pmatrix} 1 & 2 \\ 2 & 3 \end{pmatrix}$, $B = \begin{pmatrix} 3 & 7 \\ 7 & 6 \end{pmatrix}$

그러면

$$AB = \begin{pmatrix} 17 & 19 \\ 27 & 32 \end{pmatrix}$$

AB는 대칭행렬이 아니다.

(2) 행렬 A와 전치 A'의 곱, AA'은 항상 대칭행렬이다. 즉,

$$(AA')' = (A')'A' = AA'$$

혹은

$$(A'A)' = A'(A')' = A'A$$

이다.

[예 12]

$A = \begin{pmatrix} 1 & 0 & 1 \\ 2 & -1 & 3 \\ 0 & 0 & 4 \end{pmatrix}$ 일 때

$$AA' = \begin{pmatrix} 1 & 0 & 1 \\ 2 & -1 & 3 \\ 0 & 0 & 4 \end{pmatrix}\begin{pmatrix} 1 & 2 & 0 \\ 0 & -1 & 0 \\ 1 & 3 & 4 \end{pmatrix} = \begin{pmatrix} 2 & 5 & 4 \\ 5 & 14 & 12 \\ 4 & 12 & 16 \end{pmatrix}$$

그리고

$$A'A = \begin{pmatrix} 1 & 2 & 0 \\ 0 & -1 & 0 \\ 1 & 3 & 4 \end{pmatrix}\begin{pmatrix} 1 & 0 & 1 \\ 2 & -1 & 3 \\ 0 & 0 & 4 \end{pmatrix} = \begin{pmatrix} 5 & -2 & 7 \\ -2 & 1 & -3 \\ 7 & -3 & 26 \end{pmatrix}$$

AA'과 $A'A$는 대칭행렬이다.

(3) 같은 차수의 행벡터와 열벡터의 곱은 **대칭**(symmetric)이고 스칼라 값을 갖는다. 즉

$$a' = (a_1,\ a_2,\ \cdots,\ a_p), \qquad b' = (b_1,\ b_2,\ \cdots,\ b_p)$$

$$a'b = (a'b)' = b'a = \sum_{i=1}^{p} a_i b_i$$

[예 13] $a' = (1\ \ 2\ \ 3), b' = (4\ \ 3\ \ 7)$일 때, $a'b = 31 = b'a$이다.

3.10 행렬의 고유화

정방행렬 A의 대각원소의 합을 그 행렬의 **고유화**(trace)라고 하고, $tr(A)$라고 표시한다. 주어진 행렬 $A=(a_{ij})$에서

$$tr(A)=a_{11}+a_{22}+\cdots a_{pp}=\sum_{i=1}^{p}a_{ii}$$

이다.

따라서 비정방행렬의 경우 트레이스는 존재하지 않는다. 그리고 다음과 같은 성질을 만족함을 쉽게 알 수 있다.

(1) 전치행렬의 트레이스는 본래 행렬의 트레이스와 같다.

$$tr(A')=tr(A)$$

이다.

(2) 행렬 $AB=C$이라고 하고, $BA=D$라고 하면

$$C=(c_{ij})=(\sum_{k=1}^{p}a_{ik}b_{kj}),\quad D=(d_{ij})=(\sum_{k=1}^{p}b_{ik}a_{kj})$$

이다. 이때

$$tr(AB)=tr(C)=\sum_{i=1}^{p}c_{ii}=\sum_{i=1}^{p}\sum_{k=1}^{p}a_{ik}b_{kj}$$

$$tr(BA)=tr(D)=\sum_{i=1}^{p}d_{ii}=\sum_{i=1}^{p}\sum_{k=1}^{p}b_{ki}a_{ik}=\sum_{i=1}^{p}\sum_{k=1}^{p}a_{ik}b_{ki}$$

따라서 $tr(AB)=tr(BA)$이다.

3.11 R을 이용한 대각행렬과 고유화

고유화는 정방행렬의 대각원소들의 합이다. R에서 대각행렬을 구하는 함수가 diag 함수이므로 diag 함수와 sum 함수를 이용하여 행렬의 고유화를 구할 수 있다.

```
> F<-diag(c(1,2,3,4,5,6))
> F
     [,1] [,2] [,3] [,4] [,5] [,6]
[1,]    1    0    0    0    0    0
[2,]    0    2    0    0    0    0
[3,]    0    0    3    0    0    0
[4,]    0    0    0    4    0    0
[5,]    0    0    0    0    5    0
[6,]    0    0    0    0    0    6

> E%*%A
     [,1] [,2] [,3]
[1,]    9   12   15
[2,]   19   26   33
[3,]   29   40   51

> diag(E%*%A)
[1]  9 26 51
>
> diag(diag(E%*%A))
     [,1] [,2] [,3]
[1,]    9    0    0
[2,]    0   26    0
[3,]    0    0   51

> sum(diag(E%*%A))
[1] 86
> sum(diag(U))
[1] 5
> sum(diag(V))
[1] 13

> sum(V)
[1] 26

> V
     [,1] [,2]
[1,]    5    6
[2,]    7    8
> sum(diag(V))
[1] 13
> sum(V)
[1] 26
```

```
> sum(diag(U)); sum(diag(t(U)))
[1] 5
[1] 5

> U%*%V
     [,1] [,2]
[1,]   19   22
[2,]   43   50

> V%*%U
     [,1] [,2]
[1,]   23   34
[2,]   31   46

> sum(diag(U%*%V)); sum(diag(V%*%U))
[1] 69
[1] 69

> tr<-function(X) {tr<-sum(diag(X)) return(tr) }
>
> tr(U)
[1] 5
> tr(t(U))
[1] 5
> tr(U%*%V); tr(V%*%U)
[1] 69
[1] 69
```

3.12 행렬의 분할

행렬 A가 다음과 같이 주어져 있다고 하자.

$$A = \left(\begin{array}{cc:ccc} a_{11} & a_{12} & a_{13} & a_{14} & a_{15} \\ a_{21} & a_{22} & a_{23} & a_{24} & a_{25} \\ \hdashline a_{31} & a_{32} & a_{33} & a_{34} & a_{35} \end{array}\right)$$

이때 점선으로 분할된 4부분의 블럭도 행렬이 되므로, 이를 각각 A_{11}, A_{12}, A_{21}, A_{22} 라고 하면

$$A_{11} = \begin{pmatrix} a_{11} & a_{12} \\ a_{21} & a_{22} \end{pmatrix}, \quad A_{12} = \begin{pmatrix} a_{13} & a_{14} & a_{15} \\ a_{23} & a_{24} & a_{25} \end{pmatrix}$$

$$A_{21} = (a_{31}\ a_{32}),\quad A_{22} = (a_{33}\ a_{34}\ a_{35})$$

이고

$$A = \begin{pmatrix} A_{11} & A_{12} \\ A_{21} & A_{22} \end{pmatrix}$$

와 같이 나타낼 수 있다.

이와 같이 행렬 A를 나누는 것을 행렬의 **분할**(partitioning of matrix)이라고 하고, 행렬 A_{11}, A_{12}, A_{21}, A_{22}를 행렬 A의 **부분행렬**(submatrix)이라고 한다.

또, 행렬 A를 부분행렬로 표시한 것을 **분할행렬**(partitioned matrix)이라고 한다. 분할행렬의 경우 아래의 사실을 확인할 수 있다.

(1) 분할행렬의 전치는 전치된 부분행렬의 전체 전치이다. 즉

$$A = \begin{pmatrix} A_{11} & A_{12} \\ A_{21} & A_{22} \end{pmatrix}$$

일 때

$$A' = \begin{pmatrix} A'_{11} & A'_{12} \\ A'_{21} & A'_{22} \end{pmatrix}' = \begin{pmatrix} A'_{11} & A'_{21} \\ A'_{12} & A'_{22} \end{pmatrix}$$

이다.

[예 14]

$$\begin{pmatrix} 2 & 1 & 8 & 4 \\ 3 & 4 & 4 & 7 \end{pmatrix}' = \begin{pmatrix} 2 & 3 \\ 1 & 4 \\ 8 & 4 \\ 4 & 7 \end{pmatrix}$$

(2) 행렬 A, B가 분할행렬이고, 부분행렬들 사이에 곱셈이 정의될 수 있도록 분할되었을 때, AB는 A와 B의 부분행렬의 식으로 표현된 부분행렬을 갖는 분할행렬로 나타난다. 즉

$$A = \begin{pmatrix} A_{11} & A_{12} \\ A_{21} & A_{22} \end{pmatrix},\quad B = \begin{pmatrix} B_{11} \\ B_{21} \end{pmatrix}$$

이고, 각 부분행렬이 대응하는 것끼리의 곱이 정의된다면

$$AB = \begin{pmatrix} A_{11} & A_{12} \\ A_{21} & A_{22} \end{pmatrix}\begin{pmatrix} B_{11} \\ B_{21} \end{pmatrix} = \begin{pmatrix} A_{11}B_{11} + A_{12}B_{21} \\ A_{21}B_{11} + A_{22}B_{21} \end{pmatrix}$$

이다.

3.13 R을 이용한 행렬의 분할

```
> A<-matrix(c(1,2,3,4,5,6,7,8,9),3,3, byrow=T)
> A
     [,1] [,2] [,3]
[1,]    1    2    3
[2,]    4    5    6
[3,]    7    8    9
>
> E<-matrix(c(1,0,0,0,1,0), 2,3,byrow=T)
> E
     [,1] [,2] [,3]
[1,]    1    0    0
[2,]    0    1    0
>
> E%*%A
     [,1] [,2] [,3]
[1,]    1    2    3
[2,]    4    5    6
>
> F<- matrix(c(1,0,0,0,1,0),3,2,byrow=T)
> F
     [,1] [,2]
[1,]    1    0
[2,]    0    0
[3,]    1    0
>
> F<- matrix(c(1,0,0,1,0,0),3,2,byrow=T)
> F
     [,1] [,2]
[1,]    1    0
[2,]    0    1
[3,]    0    0
>
> A%*%F
     [,1] [,2]
[1,]    1    2
[2,]    4    5
[3,]    7    8
> E%*%A%*%F
     [,1] [,2]
[1,]    1    2
[2,]    4    5
```

```
> A<-matrix(c(1:6),2,3); A
     [,1] [,2] [,3]
[1,]    1    3    5
[2,]    2    4    6
>
> B<-matrix(c(1:6),2,3,byrow=T); B
     [,1] [,2] [,3]
[1,]    1    2    3
[2,]    4    5    6
>
> U<-cbind(A,B)
> U
     [,1] [,2] [,3] [,4] [,5] [,6]
[1,]    1    3    5    1    2    3
[2,]    2    4    6    4    5    6
>
> U[1:2,3:6]
     [,1] [,2] [,3] [,4]
[1,]    5    1    2    3
[2,]    6    4    5    6

> U[,3:6]
     [,1] [,2] [,3] [,4]
[1,]    5    1    2    3
[2,]    6    4    5    6
>
> V<-rbind(A,B)
> V
     [,1] [,2] [,3]
[1,]    1    3    5
[2,]    2    4    6
[3,]    1    2    3
[4,]    4    5    6
> V[1:2,1:3]
     [,1] [,2] [,3]
[1,]    1    3    5
[2,]    2    4    6

> V[2:4,]
     [,1] [,2] [,3]
[1,]    2    4    6
[2,]    1    2    3
[3,]    4    5    6
```

3.14 행렬의 하다마드 곱

행렬에 대한 특수한 형태의 곱의 정의로서 차수가 같은 두 행렬의 경우 서로 대응하는 원소들 간의 곱의 결과를 의미한다. 즉, 행렬 $A=(a_{ij})$와 $B=(b_{ij})$가 주어져 있을 때, 행렬 A, B의 하다마드 곱(Hadamard products)을 $A\odot B$라고 표시하면

$$A\odot B=(a_{ij}\times b_{ij})$$

여기서 A, B의 차수가 같다.

[예 15]

$$A=\begin{pmatrix}1 & 0 & 2\\ -2 & 1 & 3\end{pmatrix},\quad B=\begin{pmatrix}0 & 1 & 2\\ 4 & 7 & 3\end{pmatrix}$$

일 때

$$A\cdot B=\begin{pmatrix}1\times 0 & 0\times 1 & 2\times 2\\ -2\times 4 & 1\times 7 & 3\times 3\end{pmatrix}=\begin{pmatrix}0 & 0 & 4\\ -8 & 7 & 9\end{pmatrix}$$

R에서 하다마드곱은 $AB=A*B$이다.

```
> A<-matrix(c(1,-2,0,1,2,3), nrow=2)
> A
     [,1] [,2] [,3]
[1,]    1    0    2
[2,]   -2    1    3
> B<-matrix(c(0,4,1,7,2,3), nrow=2)
> B
     [,1] [,2] [,3]
[1,]    0    1    2
[2,]    4    7    3
> A*B
     [,1] [,2] [,3]
[1,]    0    0    4
[2,]   -8    7    9
>
```

3.15 행렬의 크로네커 곱

행렬의 곱에 대한 특수한 형태의 다른 예로서 그 정의는 아래와 같다.

행렬 $A_{pq}=(a_{ij})$, $B_{mn}=(b_{ij})$가 주어져 있을 때, 행렬 A와 B의 크로네커 곱 (kronecker product)을 $A\otimes B$라고 표시하면

$$A\otimes B = \begin{pmatrix} a_{11}B & \cdots\cdots & a_{1q}B \\ a_{21}B & \cdots\cdots & a_{2q}B \\ \vdots & & \vdots \\ \vdots & & \vdots \\ a_{p1}B & \cdots\cdots & a_{pq}B \end{pmatrix}$$

이때 차수는 $mp\times nq$임을 알 수 있다.

[예 16]

$$A_{22}=\begin{pmatrix} 1 & 0 \\ -3 & 2 \end{pmatrix} \quad B_{22}=\begin{pmatrix} 4 & 3 \\ 1 & 2 \end{pmatrix}$$

일 때

$$A\otimes B_{44}=\begin{pmatrix} 1\times\begin{pmatrix} 4 & 3 \\ 1 & 2 \end{pmatrix} & 0\times\begin{pmatrix} 4 & 3 \\ 1 & 2 \end{pmatrix} \\ -3\times\begin{pmatrix} 4 & 3 \\ 1 & 2 \end{pmatrix} & 2\times\begin{pmatrix} 4 & 3 \\ 1 & 2 \end{pmatrix} \end{pmatrix}=\begin{pmatrix} 4 & 3 & 0 & 0 \\ 1 & 2 & 0 & 0 \\ -12 & -9 & 8 & 6 \\ -3 & -6 & 2 & 4 \end{pmatrix}$$

R에서 크로네커 곱은 $AB=A$ %x% B이다.

```
> A<-matrix(c(1,-3, 0,2), nrow=2)
> A
     [,1] [,2]
[1,]    1    0
[2,]   -3    2
> B<-matrix(c(4,1, 3,2), nrow=2)
> B
     [,1] [,2]
[1,]    4    3
[2,]    1    2

> AB=A %x% B
> AB

     [,1] [,2] [,3] [,4]
[1,]    4    3    0    0
```

```
[2,]    1    2    0    0
[3,]  -12   -9    8    6
[4,]   -3   -6    2    4
>
```

또, 행렬의 크로네커 곱에 대한 아래의 내용이 성립한다.

① 행렬의 크로네커 곱의 전치행렬은 본래 행렬들의 전치에 대한 크로네커 곱과 같다.

$$(A \otimes B)' = A' \otimes B' \quad (\text{참고 } (AB)' = B'A')$$

② 두 벡터 $\overrightarrow{v_1}$, $\overrightarrow{v_2}$에 대하여

$$\overrightarrow{v_1}' \otimes \overrightarrow{v_2} = \overrightarrow{v_2}\,\overrightarrow{v_1}' = \overrightarrow{v_2} \otimes \overrightarrow{v_1}'$$

이다.

③ c가 상수일 때

$$c \otimes A = cA = A \otimes c = Ac$$

이다.

④ 분할행렬의 경우는

$$(A_1 \quad A_2) \otimes B = (A_1 \otimes B \quad A_2 \otimes B)$$

이다. 그러나

$$B \otimes (A_1 \quad A_2) \neq (B \otimes A_1 \quad B \otimes A_2)$$

인 사실에 유의해야 한다.

⑤ 크로네커 곱을 곱하는 경우는

$$(A \otimes B)(C \otimes D) = AC \otimes BD$$

이다.

⑥ $tr(A \otimes B) = tr(A) \cdot tr(B)$

먼저 R에서 크로네커의 성질 $ABC = (C' \otimes A)B$을 확인할 수 있다.

```
> library(matrixcalc)

> vec<-function(A){
+ vec<-as.matrix(A[,1])
+ for(i in 2:dim(A)[2]) {vec<-rbind(vec,as.matrix(A[,i]))}
+ return(vec)
+ }
> options(digits=2)
>
> A<-matrix(c(1,0,1,0),2)
> B<-matrix(c(1,1,1,0),2)
> C<-matrix(c(1,0,1,1),2)
> A; B; C
     [,1] [,2]
[1,]    1    1
[2,]    0    0
     [,1] [,2]
[1,]    1    1
[2,]    1    0
     [,1] [,2]
[1,]    1    1
[2,]    0    1
>
> A%x%B
     [,1] [,2] [,3] [,4]
[1,]    1    1    1    1
[2,]    1    0    1    0
[3,]    0    0    0    0
[4,]    0    0    0    0
> A%x%C
     [,1] [,2] [,3] [,4]
[1,]    1    1    1    1
[2,]    0    1    0    1
[3,]    0    0    0    0
[4,]    0    0    0    0
>
> vec(A%*%B%*%C)
     [,1]
[1,]    2
[2,]    0
[3,]    3
[4,]    0
> (t(C)%x%A)%*%vec(B)
```

```
     [,1]
[1,]    2
[2,]    0
[3,]    3
[4,]    0
>
```

그리고 고유치 $A, B, A\otimes B$의 값을 구하여 비교하여 본다.

```
> eigen(A)
$values
[1] 1 0

$vectors
     [,1]  [,2]
[1,]    1 -0.71
[2,]    0  0.71

> eigen(B)
$values
[1]  1.62 -0.62

$vectors
      [,1]  [,2]
[1,] -0.85  0.53
[2,] -0.53 -0.85

>
> eigen(A%x%B)
$values
[1]  1.62 -0.62  0.00  0.00

$vectors
     [,1]  [,2]     [,3]     [,4]
[1,] 0.85 -0.53 -7.1e-01  1.9e-17
[2,] 0.53  0.85 -8.6e-18 -7.1e-01
[3,] 0.00  0.00  7.1e-01  0.0e+00
[4,] 0.00  0.00  0.0e+00  7.1e-01

> eigen(A)$vec%x%eigen(B)$vec
      [,1]  [,2]  [,3]  [,4]
[1,] -0.85  0.53  0.60 -0.37
[2,] -0.53 -0.85  0.37  0.60
```

```
[3,]  0.00  0.00 -0.60  0.37
[4,]  0.00  0.00 -0.37 -0.60
> eigen(A)$vec%x%eigen(B)$vec
      [,1]  [,2]  [,3]  [,4]
[1,] -0.85  0.53  0.60 -0.37
[2,] -0.53 -0.85  0.37  0.60
[3,]  0.00  0.00 -0.60  0.37
[4,]  0.00  0.00 -0.37 -0.60
>
```

[예 17] 실험 배치 계획에서 나타나는 아래와 같은 **구조행렬**(structure matrix)의 경우 크로네커 곱을 사용하여 간편하게 표현할 수 있다.

$$NN' = \begin{pmatrix} 2 & 1 & 1 & 1 \\ 1 & 2 & 1 & 0 \\ 1 & 1 & 2 & 1 \\ 1 & 0 & 1 & 2 \end{pmatrix}$$

일 때

$$NN' = \begin{pmatrix} 1 & 0 \\ 0 & 1 \end{pmatrix} \otimes \begin{pmatrix} 2 & 1 \\ 1 & 2 \end{pmatrix} + \begin{pmatrix} 0 & 1 \\ 1 & 0 \end{pmatrix} \otimes \begin{pmatrix} 1 & 1 \\ 1 & 0 \end{pmatrix}$$

여기서 행렬 R을

$$R = \begin{pmatrix} a_0 & a_1\, a_2 \cdots & a_{n-1} \\ a_{n-1}\, a_0\, a_1 & \cdots & a_{n-2} \\ \vdots & & \\ a_1 & a_2 \quad \cdots & a_0 \end{pmatrix}$$

로 정의하고, 이러한 행렬을 흔히 **순환행렬**(circulant matrix)이라고 한다.

또, 행렬 R^i를 원소 a_i는 1이고 나머지 원소는 전부 0인 순환행렬이라고 정의하면, 행렬 NN'은 다음과 같이 쓸 수 있다.

$$NN' = R^0 \otimes A_0 + R^{0'} \otimes A_1$$

여기에서 $A_0 = \begin{pmatrix} 2 & 1 \\ 1 & 2 \end{pmatrix}$, $A_1 = \begin{pmatrix} 1 & 1 \\ 1 & 0 \end{pmatrix}$이다.

[예 18] 예 17에서 소개한 구조행렬의 경우, 단위행렬과 모든 원소가 전부 1인 행렬

(흔히 $J-$행렬이라고 함)을 이용하여 크로네커 곱으로 표현할 수 있다. 예를 들어 다음과 같은 구조행렬을 생각하여 보자.

$$NN' = \begin{pmatrix} 3 & 0 & 0 & 1 & 1 & 1 \\ 0 & 3 & 0 & 1 & 1 & 1 \\ 0 & 0 & 3 & 1 & 1 & 1 \\ 1 & 1 & 1 & 3 & 0 & 0 \\ 1 & 1 & 1 & 0 & 3 & 0 \\ 1 & 1 & 1 & 0 & 0 & 3 \end{pmatrix}$$

일 때, NN'은 다음과 같이 쓸 수 있다.

$$NN' = 3I_2 \otimes I_3 + (J_2 - I_2) \otimes J_3$$

이러한 표현법은 실험계획분야 등에서 자주 이용되는 표현법으로 널리 쓰이고 있다.

3.16 행렬의 직접합

행렬들 간의 다음과 같은 연산을 **직접합**(direct sum)이라고 하고, 그 정의는 다음과 같다. 행렬 A, B의 직접합을 $A \oplus B$라고 표시하면,

$$A \oplus B = \begin{pmatrix} A & 0 \\ 0 & B \end{pmatrix}$$

이다.

또, 행렬 A, B, C 의 직접합을 $A \oplus B \oplus C$라고 표시하고,

$$A \oplus B \oplus C = \begin{pmatrix} A & 0 & 0 \\ 0 & B & 0 \\ 0 & 0 & C \end{pmatrix}$$

이다.

일반적으로 k개의 행렬 $A_1, A_2, \cdots, A_k$의 직접합 $A_1 \oplus A_2 \oplus \cdots \oplus A_k (= \oplus_{i=1}^{k} A_i)$은

$$A_1 \oplus A_2 \oplus \cdots \oplus A_k = \begin{pmatrix} A_1 & o & o & \cdots & o \\ o & A_2 & o & \cdots & o \\ o & o & A_3 & \cdots & o \\ \vdots & \vdots & \vdots & & \vdots \\ o & o & o & \cdots & A_k \end{pmatrix}$$

이다.

[예 19]

$$(1 \quad 2) \oplus \begin{pmatrix} 2 & 4 \\ 0 & 2 \end{pmatrix} = \begin{pmatrix} 1 & 2 & 0 & 0 \\ 0 & 0 & 2 & 4 \\ 0 & 0 & 0 & 2 \end{pmatrix}$$

R에서 직접합은 direct.sum 함수로부터 구할 수 있다. 다음은 예 19의 결과와 동일함을 볼 수 있다.

```
> direct.sum <- function( x, y )
+ {
+     matrices <- list()
+     if ( is.vector( x ) ) {
+         A <- matrix( x )
+     }
+     else {
+         if ( is.matrix( x ) ) {
+             A <- x
+         }
+         else {
+             stop( "Argument x is not a matrix or vector" )
+         }
+     }
+     if ( is.vector( y ) ) {
+         B <- matrix( y )
+     }
+     else {
+         if ( is.matrix( y ) ) {
+             B <- y
+         }
+         else {
+             stop( "Argument y is not a matrix or vector" )
+         }
+     }
+     C <- rbind( cbind( A, matrix( 0, nrow=nrow(A), ncol=ncol(B) ) ),
+                 cbind( matrix( 0, nrow=nrow(B), ncol=ncol(A) ), B ) )
+     return( C )
+ }


> x <- matrix( seq( 1, 2 ) )
> y <- matrix( c( 2, 0, 4, 2 ), nrow=2 )
```

```
> direct.sum( x, y )
     [,1] [,2] [,3]
[1,]    1    0    0
[2,]    2    0    0
[3,]    0    2    4
[4,]    0    0    2
>
```

행렬들 간의 직접합에 대하여 다음의 사실을 알 수 있다.

① 직접합의 전치행렬은 각 전치행렬의 직접합과 같다.

$$(A \oplus B)' = A' \oplus B'$$

② 대응하는 행렬의 합이 가능한 경우는

$$(A \oplus B) + (C \oplus D) = (A + C) \oplus (B + D)$$

이다.

③ 또한 대응하는 행렬의 곱이 가능하면,

$$(A \oplus B)(C \oplus D) = AC \oplus BD$$

임을 쉽게 확인할 수 있다.

3.17 역행렬

주어진 행렬 A가 p차 정방행렬이고, $XA = AX = I$를 만족하는 행렬 X가 존재할 경우에 X를 A의 **역행렬**(inverse matrix)이라고 하고, A^{-1}로 나타낸다(7장 4절 참조). 즉,

$$A^{-1}A = AA^{-1} = I$$

일 때, A를 **정칙행렬**(nonsingular matrix)이라고 한다.

예를 들어 행렬 A, B에 대해 R에서 비정칙행렬인지 아닌지 아래와 같이 확인할 수 있다.

```
> A
     [,1] [,2] [,3]
```

```
[1,]   1   0   0
[2,]   0   1   0
[3,]   0   0   1
> is.singular.matrix( A )
[1] FALSE
> B <- matrix( c( 0, 0, 3, 4 ), nrow=2, byrow=TRUE )
> B
     [,1] [,2]
[1,]   0    0
[2,]   3    4
> is.singular.matrix( B )
[1] TRUE
```

또한 R에서 정칙행렬 여부를 다음과 같이 확인할 수 있다.

```
> A <- diag( 1, 3 )
> is.non.singular.matrix( A )
[1] TRUE
> B <- matrix( c( 0, 0, 3, 4 ), nrow=2, byrow=TRUE )
> is.non.singular.matrix( B )
[1] FALSE
```

역행렬에 관해서 다음의 규칙들이 성립한다.

(1) $(A^{-1})^{-1} = A$

(2) $(AB)^{-1} = B^{-1}A^{-1}$

증명

(1) 정의에 따라 $A^{-1}(A^{-1})^{-1} = I$, $A^{-1}A = I$. 따라서 $(A^{-1})^{-1} = A$.

(2) 정의에 따라 $AB(AB)^{-1} = I$. 그리고 $(AB)(B^{-1}A^{-1}) = ABB^{-1}A^{-1} = AIA^{-1} = AA^{-1} = I$. 따라서 $(AB)^{-1} = B^{-1}A^{-1}$.

[예 20] $\begin{pmatrix} a & b \\ c & d \end{pmatrix}^{-1}$ 를 구하라.

해 $\begin{pmatrix} a & b \\ c & d \end{pmatrix}\begin{pmatrix} x & y \\ z & w \end{pmatrix} = \begin{pmatrix} 1 & 0 \\ 0 & 1 \end{pmatrix}$라고 하고, x, y, z, w를 구한다.

$$\begin{cases} ax+bz=1 \\ cx+dz=0 \\ ay+bw=0 \\ cy+dw=1 \end{cases} \quad \Rightarrow \quad ad-bc \neq 0 \text{일 때}$$

$$x = \frac{d}{ad-bc} \quad y = \frac{-b}{ad-bc}$$
$$z = \frac{-c}{ad-bc} \quad w = \frac{a}{ad-bc}$$

따라서

$$\begin{pmatrix} a & b \\ c & d \end{pmatrix}^{-1} = \frac{1}{ad-bc}\begin{pmatrix} d & -b \\ -c & a \end{pmatrix} (\text{단, } ad-bc \neq 0)$$

만약 $ad-bc=0$이면 역행렬이 존재하지 않는다. 즉, A는 정칙행렬이 아니다.

3.18 직교행렬

$AA'=I=A'A$일 때 A를 **직교행렬**(orthogonal matrix)이라고 한다. 여기서 A는 정방행렬이고, A는 정규직교로서 행과 열을 가지고 있다. 즉, $A'=A^{-1}$이다.

[예 21] 다음 행렬은 직교행렬인가?

$$A = \begin{pmatrix} \frac{1}{\sqrt{2}} & \frac{1}{\sqrt{2}} \\ \frac{1}{\sqrt{2}} & \frac{-1}{\sqrt{2}} \end{pmatrix}$$

R에서 직교행렬임을 확인할 수 있다.

```
> A<-matrix(c(1/sqrt(2), 1/sqrt(2), 1/sqrt(2), -1/sqrt(2)), nrow=2)
> A
          [,1]       [,2]
[1,] 0.7071068  0.7071068
[2,] 0.7071068 -0.7071068
> ggt=A %*% t(A)
> round(ggt, 10)
     [,1] [,2]
[1,]    1    0
[2,]    0    1
> gtg=t(A) %*% A
```

```
> round(gtg, 10)
     [,1] [,2]
[1,]    1    0
[2,]    0    1
> invA=solve(A)
> trA=t(A)
> round(invA-trA, 10)
     [,1] [,2]
[1,]    0    0
[2,]    0    0
```

다음은 R에서 3차 **정방직교행렬**(square orthogonal matrix)을 생성하는 것을 보여준다.

```
> k <-3
> aMat <- array(runif(k), dim=c(k,k))
> aOrth <- qr.Q(qr(aMat))

> t(aOrth)%*%aOrth
             [,1]         [,2]         [,3]
[1,] 1.000000e+00 7.056123e-17 3.168581e-17
[2,] 7.056123e-17 1.000000e+00 3.244475e-17
[3,] 3.168581e-17 3.244475e-17 1.000000e+00

> round(t(aOrth)%*%aOrth, 3)
     [,1] [,2] [,3]
[1,]    1    0    0
[2,]    0    1    0
[3,]    0    0    1
```

연습문제

1 45, 55, 51, 63, 55를 원소로 갖는 weight 벡터를 생성하고, 각각의 원소에 Choi, Cho, Shin, Moon, Chae의 이름을 할당하라.

2 1, 2, 3, 4, 5, 6, 7, 8, 9, 10의 자료를 원소로 갖는 x 벡터를 생성하고 다음 물음에 각각 답하라.
(1) y에 x의 자료를 복사하고,
(2) 벡터 y의 6번째 값을 출력하고,
(3) 벡터 y의 5번째 값을 제외하고 출력하고,
(4) 또, 자료 11, 12를 y에 추가하고 나서 현재 자료의 수를 계산하라.

3 2, 4, 1, 3, 5의 자료를 원소로 갖는 x 벡터를 생성하고 다음 물음에 각각 답하라.
(1) 3번째 값을 2로 치환하라.
(2) 자료를 오름차순으로 나열하라.
(3) 8을 4번째 값 뒤에 끼워 넣으라.

4 1, 2, 3, 4, 5, 6, 7, 8, 9, 10, 11, 12의 자료를 두 가지 방법으로 3행과 4열의 행렬을 만들고 행(row)과 열(col)의 이름을 지정하라.

5 R 함수를 이용하여 다음을 구하라.

(1) $\begin{bmatrix} 3 & 9 \\ 7 & 4 \end{bmatrix}$

(2) $A = \begin{bmatrix} 1 & 1/2 & 1/3 \\ 1/4 & 1/5 & 1/6 \\ 1/7 & 1/8 & 1/9 \end{bmatrix}$

(3) A의 전치행렬을 구하라.

(4) A의 행렬에서 1, 2 행과 1, 2 열로 새로운 행렬 B를 만들어라.

(5) diag를 사용하여 행렬 D를 만들어라.

$$D = \begin{bmatrix} 1 & 0 & 0 & 4 \\ 0 & 2 & 0 & 4 \\ 0 & 0 & 3 & 4 \\ 5 & 5 & 5 & 5 \end{bmatrix}$$

(6) 행렬 D에서 2번째 행과 열을 제거한 행렬을 만들어라.

6 $\vec{a} = (-1,\ 2,\ 3)$, $\vec{b} = (3,\ 0,\ -7)$일 때 다음을 구하라.

(1) $\vec{a} + 2\vec{b}$　　(2) $2\vec{a} - \vec{b}$　　(3) $\vec{a} \cdot \vec{b}$

(4) $\| \vec{a} \|$　　(5) $\| \vec{a} - \vec{b} \|$　　(6) $\| 2\vec{b} \|$

7 $\vec{a} = (a_1, a_2)$, $\vec{b} = (b_1, b_2)$일 때 $\vec{a}$, $\vec{b}$로 이루어지는 평행사변형의 면적을 구하라.

8 $\vec{a} = (2,\ a,\ 1)$, $\vec{b} = (4,\ -2,\ -2)$가 직교하도록 a를 정하라.

9 $\vec{a} = (3,\ 2,\ -6)$, $\vec{b} = (4,\ -3,\ 1)$의 교각을 θ라고 할 때 $\cos\theta$를 구하라.

10 다음에 주어진 $\vec{a}$, $\vec{b}$에 대하여 $\vec{b}$상에서의 $\vec{a}$의 정사영을 구하라.

(1) $\vec{a} = (2,\ 1)$, $\vec{b} = (-3,\ 2)$　　(2) $\vec{a} = (0,\ 0,\ 1)$, $\vec{b} = (8,\ 3,\ 4)$

11 다음 행렬의 곱을 구하라.

(1) $\begin{pmatrix} 1 & -2 & 3 \\ 2 & 1 & 0 \end{pmatrix} \begin{pmatrix} -2 & -1 & 1 \\ 1 & 2 & -3 \\ 4 & 0 & 1 \end{pmatrix}$　　(2) $\begin{pmatrix} 2 & 1 & 0 \\ -1 & 2 & 1 \\ 0 & 2 & -3 \end{pmatrix} \begin{pmatrix} 1 \\ -2 \\ 3 \end{pmatrix}$

12 행렬 $A = \begin{pmatrix} 3 & 6 \\ 2 & 1 \end{pmatrix}$, $B = \begin{pmatrix} 1 & 0 & 3 & 2 \\ 0 & -1 & -1 & 1 \end{pmatrix}$

벡터 $\vec{x} = \begin{pmatrix} 1 \\ 1 \\ 0 \\ -1 \end{pmatrix}$, $\vec{y} = \begin{pmatrix} 1 \\ -1 \end{pmatrix}$에 대하여 다음을 계산하거나 혹은 보여라.

(1) $AB, A'B$

(2) $(A - A')B = AB = A'B$

(3) $BB', B'B$

(4) $tr(BB') = tr(B'B) = 17$

(5) $Bx, B'Bx, BBx = (Bx)'Bx = 5$

(6) $Ay, A'Ay, y'A'Ay = (Ay)'Ay = 10$

(7) $A^2 - 4A - 9I = 0$

13 $\begin{pmatrix} a^2 & 2ab & b^2 \\ a^2 & 2ab & b^2 \\ a^2 & 2ab & b^2 \end{pmatrix}$가 멱등행렬이 되기 위한 조건을 구하라.

14 $\begin{pmatrix} 1 & a \\ 2a & 3a \end{pmatrix}$가 정칙행렬이 되기 위한 조건을 구하라.

15 $A+B$, $A-B$는 정칙이다. 이것을 사용하여 $\begin{pmatrix} A & B \\ B & A \end{pmatrix}$의 역행렬을 구하라(라 A, B는 n차 정방행렬).

16 만일 $\vec{x}'\vec{x} = \vec{x}$이면, $\vec{x} = \vec{x}' = \overrightarrow{x^2}$임을 보여라.

17 차수가 n인 정방행렬 I와 J, $p \neq 0$이고 $p+qn \neq 0$인 스칼라 p, q, r, s에 대해서

(1) $pI+qJ$를 차수가 4인 경우에 대해 적어라.

(2) $(pI+qJ)(rI+sJ) = prI+(ps+qr+nqs)J$임을 보여라.

(3) $(pI+qJ)\dfrac{1}{p}\left(I-\dfrac{q}{p+qr}J\right)$를 간단히 하라.

18 행렬 A, B, 벡터 $\vec{x}$에 대하여 다음이 사실임을 설명하고, 주어진 행렬들에 대하여 이 사실을 확인하라.

$$A = \begin{pmatrix} -1 & 2 \\ 7 & 3 \end{pmatrix}, \quad B = \begin{pmatrix} 6 & 8 & -2 & 0 \\ 2 & 3 & 1 & 4 \end{pmatrix}, \quad \vec{x}' = (1\ 1\ 2\ 3)$$

(1) $(A+A')B = AB + A'B$

(2) $tr(BB') = tr(BB')$

(3) $\vec{x}'BB\vec{x} = (B\vec{x})'B\vec{x} = tr(BB\vec{x}\,\vec{x}')$

19 $p+q=1$이고, $\vec{1}' = (1\ 1\ 1)$일 때, 다음의 행렬 P와 T에 대하여 아래의 관계식이 성립함을 보여라.

$$P = \begin{pmatrix} p^2 & 2pq & q^2 \\ p^2 & 2pq & q^2 \\ p^2 & 2pq & q^2 \end{pmatrix}, \qquad T = \begin{pmatrix} p & q & 0 \\ \frac{1}{2}p & \frac{1}{2} & \frac{1}{2}q \\ 0 & p & q \end{pmatrix}$$

(1) $P = \vec{1}(p^2 2pq\ q^2)$

(2) $P\vec{1} = \vec{1}$

(3) $T\vec{1} = \vec{1}$

(4) $PT = P = TP$

(5) $T^2 = \frac{1}{2}(P+T)$

(6) $P^2 = P$

(7) $T^n = P + (\frac{1}{2})^{n-1}(T-P)$

20 다음 행렬을 행렬 I, J의 크로네커 곱의 형태로 간단히 나타내면

$$NN' = \begin{pmatrix} r & \lambda & \lambda & \cdots & \lambda \\ \lambda & r & \lambda & \cdots & \lambda \\ \lambda & \lambda & r & \cdots & \lambda \\ \vdots & & & & \\ \lambda & \lambda & \lambda & \cdots & r \end{pmatrix}$$

$$NN' = (r-\lambda)I + \lambda J$$

임을 보여라.

21 순환행렬이 다음과 같이 주어져 있다.

$$NN' = \begin{pmatrix} 3 & 1 & 1 & 2 & 1 & 1 \\ 1 & 3 & 1 & 1 & 2 & 1 \\ 1 & 1 & 3 & 1 & 1 & 2 \\ 2 & 1 & 1 & 3 & 1 & 1 \\ 1 & 2 & 1 & 1 & 3 & 1 \\ 1 & 1 & 2 & 1 & 1 & 3 \end{pmatrix}$$

이때 $B_0 = \begin{pmatrix} 3 & 1 & 1 \\ 1 & 3 & 1 \\ 1 & 1 & 3 \end{pmatrix}$, $B_1 = \begin{pmatrix} 2 & 1 & 1 \\ 1 & 2 & 1 \\ 1 & 1 & 2 \end{pmatrix}$

그리고 $R_{(2)} = \begin{pmatrix} 0 & 1 \\ 1 & 0 \end{pmatrix}$, $R_{(3)} = \begin{pmatrix} 0 & 1 & 0 \\ 0 & 0 & 1 \\ 1 & 0 & 0 \end{pmatrix}$ 라고 정의하면

$$\begin{aligned} NN' = {} & 3R_{(2)}^0 \otimes R_{(3)}^0 + R_{(2)}^0 \otimes R_{(3)}^1 + R_{(2)}^0 \otimes R_{(3)}^2 + 2R_{(2)}^1 \otimes R_{(3)}^0 \\ & + R_{(2)}^1 \otimes R_{(3)}^1 + R_{(2)}^1 \otimes R_{(3)}^2 \end{aligned}$$

임을 보여라(단, $R^i_{(n)}$ 은 a_i는 1이고 나머지는 전부 0인 차수 n인 순환행렬이다). 또, 이 경우에 행렬 I, J를 이용하여 다음과 같이 표현할 수 있음을 보여라.

$$NN' = I_{(2)} \otimes J_{(3)} + J_{(2)} \otimes I_{(3)} + J_{(2)} \otimes J_{(3)}$$

3장

연립일차방정식의 해법

1 소출법

$$a_{11}x_1 + a_{12}x_2 + \cdots + a_{1n}x_n = b_1 \tag{3-1}$$

$$a_{21}x_1 + a_{22}x_2 + \cdots + a_{2n}x_n = b_2$$

$$\cdots\cdots\cdots\cdots\cdots\cdots\cdots\cdots$$

$$a_{n1}x_1 + a_{n2}x_2 + \cdots + a_{nn}x_n = b_n$$

는 n원 연립일차방정식이지만, 이를 행렬 표기로 나타내면

$$A = \begin{pmatrix} a_{11} & a_{12} \cdots & a_{1n} \\ a_{21} & a_{22} \cdots & a_{2n} \\ & \cdots\cdots\cdots\cdots & \\ a_{n1} & a_{n2} \cdots & a_{nn} \end{pmatrix} \qquad \vec{x} = \begin{pmatrix} x_1 \\ x_2 \\ \vdots \\ x_n \end{pmatrix} \qquad \vec{b} = \begin{pmatrix} b_1 \\ b_2 \\ \vdots \\ b_n \end{pmatrix}$$

이고

$$A\vec{x} = \vec{b}$$

로 표현할 수 있다. 여기서 A를 **계수행렬**(coefficient matrix), $\vec{x}$를 미지수벡터, $\vec{b}$를 상수벡터라고 한다. 지금 계수행렬 A의 오른쪽에 $\vec{b}$를 점가하면 새로운 행렬

$$(A, \vec{b}) = \begin{pmatrix} a_{11} & a_{12} \cdots & a_{1n} & b_1 \\ a_{21} & a_{22} \cdots & a_{2n} & b_2 \\ \vdots & \vdots & & \vdots \\ a_{n1} & a_{n2} \cdots & a_{nn} & b_n \end{pmatrix} \tag{3-2}$$

을 얻는다. 이 새로운 행렬을 **확대계수행렬**(augmented matrix)이라고 한다. 연립 일차 방정식의 해를 구하는 데는 **가우스 소거법**(Gauss elimination method)이 있지만, 이 원리를 이용한 **가우스-조단 소거법**(Gauss-Jordan elimination method)이 적용된다. 특히 가우스-조단 소거법에서 계수행렬의 대각선 성분을 차례로 1로 하는 방법을 **소출법**(method of sweep out)을 예로 들면

$$\begin{aligned} 2x + 4z &= -1 \\ x + 2y - 2z &= 1 \\ -x + y &= 1 \end{aligned} \tag{3-3}$$

이 연립방정식의 확대계수행렬에 소출법을 사용해 보자.

(확대계수행렬)		2	0	4	-1	……	(1)
		1	2	-2	1	……	(2)
		-1	1	0	1	……	(3)
제1단계	$(1)\times\frac{1}{2}$	1	0	2	$-\frac{1}{2}$	……	$(1)'$
	$(2)-(1)'$	0	2	-4	$\frac{3}{2}$	……	$(2)'$
	$(3)+(1)'$	0	1	2	$\frac{1}{2}$	……	$(3)'$
제2단계	$(1)'$	1	0	2	$-\frac{1}{2}$	……	$(1)''$
	$(2)'\times\frac{1}{2}$	0	1	-2	$\frac{3}{4}$	……	$(2)''$
	$(3)'-(2)''$	0	0	4	$-\frac{1}{4}$	……	$(3)''$
제3단계	$(1)''-(3)'''\times 2$	1	0	0	$-\frac{3}{8}$	……	$(1)'''$
	$(2)''+(3)'''\times 2$	0	1	0	$\frac{5}{8}$	……	$(2)'''$
	$(3)''\times\frac{1}{4}$	0	0	1	$-\frac{1}{16}$	……	$(3)'''$

- **제1단계:** 우선 확대계수행렬의 성분 (1,1)이 1이 되게 (1)을 2로 나누어 (1)'을 만든다. 다음에 (1)'을 (2)에서 빼서 (2)'를 만들고, (1)'을 (3)에 더하여 (3)'을 만든다.
- **제2단계:** 제1단계에서 생긴 행렬의 성분 (2,2)를 1으로 하기 위해 (2)'를 2로 나눈다. 이것을 (2)"로 한다. 다음에 (2)"를 (3)'에서 빼서 (3)"을 만든다. (1)'은 성분 (1,2)가 0이니까 그대로 (1)"으로 한다.
- **제3단계:** 제2단계에서 생긴 행렬의 성분 (3,3)을 1으로 하기 위해 (3)"을 4로 나누고, (3)'''을 만든다. 다음에 (1)"−(3)'''×2를 (1)'''과 (2)"+(3)'''×2를 (2)'''로 만든다.

위에서 열거한 조작을 되풀이하는 동안 중심이 0이 되었을 때는 실행할 수 없으므로 중심으로 사용하지 않는 다른 행으로 바꾸어서 0이 아닌 중심을 사용하여 소거한다. 이러한 조작으로 계수행렬 A는 단위행렬로 변형되어서, 상수벡터 $\vec{b}$는 방정식 (3-3)의 해로 변해 있다.

$$x = -\frac{3}{8}$$
$$y = \frac{5}{8}$$
$$z = -\frac{1}{16}$$

소출법을 일반형으로 하면 다음과 같이 된다.

$$(a_{ij})_{nn+1} = \begin{pmatrix} a_{11} & a_{12} & \cdots & a_{1n} & a_{1n+1} \\ a_{21} & a_{22} & \cdots & a_{2n} & a_{2n+1} \\ \cdots & \cdots & \cdots & \cdots & \cdots \\ a_{n1} & a_{n2} & \cdots & a_{nn} & a_{nn+1} \end{pmatrix}$$

여기서 $n+1$열은 상수벡터이다. 이것은 처음의 확대계수행렬로써 k회까지의 소출법의 결과로서 얻을 수 있는 행렬을

$$(a_{ij}^{(k)})_{nn+1}$$

로 표현하면 k회에서의 소출법은 다음과 같이 행한다.

① $a_{kk}^{(k-1)} = 0$일 때, $a_{ik}^{(k-1)} \neq 0$ $(i < k)$을 찾아서 행을 교대한다.

② $a_{kj}^{(k)} = a_{kj}^{(k-1)} / a_{kk}^{(k-1)} (a_{kk}^{(k-1)} \neq 0,\ j = 1,\ \cdots,\ n+1)$

③ $a_{ij}^{(k)} = a_{ij}^{(k)} - a_{kj}^{(k)} a_{ik}^{(k-1)} \begin{pmatrix} i = 1,\ \cdots,\ n,\ i \neq k \\ j = 1,\ \cdots,\ n+1 \end{pmatrix}$

이것을 $k = 1, \cdots, n$ 까지 반복하여 행한다.

1.1 R을 이용한 연립방정식 해

$$\begin{aligned} 2x + 4z &= -1 \\ x + 2y - 2z &= 1 \\ -x + y &= 1 \end{aligned}$$

이 연립방정식을 행렬로 표시하면

$$\begin{pmatrix} 2 & 0 & 4 \\ 1 & 2 & -2 \\ -1 & 1 & 0 \end{pmatrix} \begin{pmatrix} x \\ y \\ z \end{pmatrix} = \begin{pmatrix} -1 \\ 1 \\ 1 \end{pmatrix}$$

여기서 좌항의 계수로 정방행렬을 A, 우항의 상수로 이루어진 벡터를 b, 세 개의 미

지수로 이루어진 벡터를 x라고 하면, $Ax=b$과 같이 표현할 수 있다. 이것을 x에 대해서 정리하면 $x=A^{-1}b$가 된다. 그러면 연립방정식을 R을 이용하여 계산해 보자. R에서 역행렬을 구하는 solve 함수를 이용한 것이다. 또한 solve 함수는 아래와 같이 연립방정식의 해를 구하는 함수로도 사용한다. 이 경우에는 계수행렬과 상수벡터의 두 인수를 이용한다. 두 가지 방법으로 방정식의 해를 -0.3750, 0.6250, -0.0625로 구하였다. 그리고 마지막으로 이 방정식의 해가 맞는지 검증해 보았다. 결과로 $Ax=b$임을 알 수 있다. 즉 결과가 b인 -1, 1, 1로 출력되었다.

```
> A <- matrix(c(2,1,-1,0,2,1,4,-2,0), ncol=3)
> A
     [,1] [,2] [,3]
[1,]    2    0    4
[2,]    1    2   -2
[3,]   -1    1    0
> b <- c(-1,1,1)
> b
[1] -1  1  1
> solve(A) %*% b
        [,1]
[1,] -0.3750
[2,]  0.6250
[3,] -0.0625
> (x <- solve(A,b))
[1] -0.3750  0.6250 -0.0625
> A%*%x
     [,1]
[1,]   -1
[2,]    1
[3,]    1
>
```

2 행렬의 성질

2.1 행렬의 기본조작

소출법을 확대계수행렬 $(A, \vec{b})$에 행한 조작을 정리하면

(a) 한 행(i행)에 0이 아닌 실수(k)를 곱한다.

(b) 한 행(j행)에 0이 아닌 실수(k)를 곱한 것을 다른 행(i행)에 더한다.

(c) 두 행(i행과 j행)을 서로 바꿔 놓는다.

이러한 3가지 조작을 **기본행 조작**(elementary row operation)이라고 한다. 단위행렬에 한 가지 기본행 조작을 함으로써 얻어지는 행렬을 **기본행렬**(elementary matrix)이라고 한다. 3가지 기본행 조작에 대응되는 3가지 형태의 기본행렬이 있다.

(a) 단위행렬의 한 행에 0이 아닌 실수(k)를 곱해서 얻어지는 행렬
즉 i번째 대각원소를 k로 바꾸어 놓은 행렬

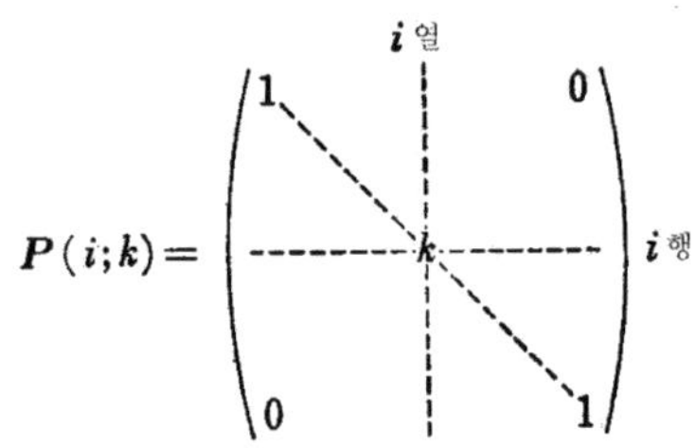

(b) 단위행렬의 한 행(i,j)에 적당한 수(k)를 곱한 것을 다른 행(i,j)에 더해서 얻어지는 행렬, 즉 i행 j열에 있는 원소를 k로 바꾸어 놓은 행렬

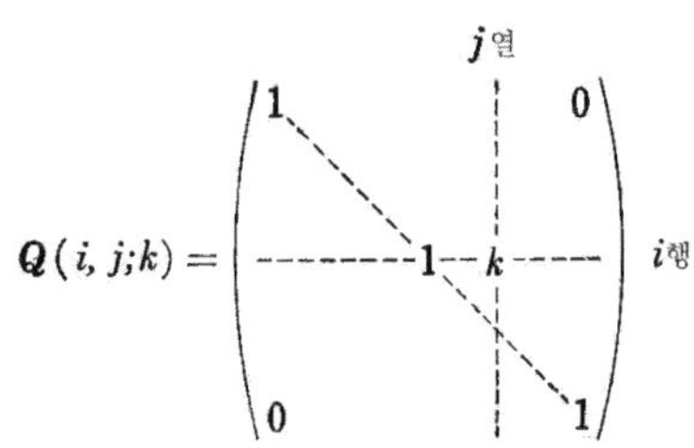

(c) 단위행렬의 i행과 j행을 바꿈으로서 얻어지는 행렬

위의 기본행렬을 행렬 A의 왼쪽에서 곱하면 "행"에 관한 기본조작이 행하여지고, 오른쪽에서 곱하면 "열"에 관한 기본조작이 행하여진다.

[예 1]

행렬 $A = \begin{pmatrix} 1 & 2 & 3 \\ 4 & 5 & 6 \\ 7 & 8 & 9 \end{pmatrix}$이고, $P(2;5) = \begin{pmatrix} 1 & 0 & 0 \\ 0 & 5 & 0 \\ 0 & 0 & 1 \end{pmatrix}$이면

$$P(2;5)A = \begin{pmatrix} 1 & 2 & 3 \\ 20 & 25 & 30 \\ 7 & 8 & 9 \end{pmatrix}, \quad (2\text{행} \times 5)$$

이고,

$$AP(2;5) = \begin{pmatrix} 1 & 10 & 3 \\ 4 & 25 & 6 \\ 7 & 40 & 9 \end{pmatrix}, \quad (2\text{열} \times 5)$$

이다.

(b) $Q(i,j;k)$를 왼쪽에서 곱하면, 행렬 A의 j행에 k배를 곱한 것에 i행이 더해지고, 오른쪽에서 곱하면, i열에 k배를 곱한 것에 j열이 더해진다.

[예 2]

$A = \begin{pmatrix} 1 & 2 & 3 \\ 4 & 5 & 6 \\ 7 & 8 & 9 \end{pmatrix}$이고, $Q(2,3;5) = \begin{pmatrix} 1 & 0 & 0 \\ 0 & 1 & 5 \\ 0 & 0 & 1 \end{pmatrix}$이면

$$Q(2,3;5)A = \begin{pmatrix} 1 & 2 & 3 \\ 39 & 49 & 51 \\ 7 & 8 & 9 \end{pmatrix} \quad (3\text{행} \times 5 + 2\text{행})$$

$$AQ(2,3;5) = \begin{pmatrix} 1 & 2 & 13 \\ 4 & 5 & 31 \\ 7 & 8 & 49 \end{pmatrix} \quad (2\text{열} \times 5 + 3\text{열})$$

(c) $R(i,j)$를 행렬 A의 왼쪽(오른쪽)에서 곱하면, i행(열)과 j행(열)이 서로 바뀐다.

[예 3]

$A = \begin{pmatrix} 1 & 2 & 3 \\ 4 & 5 & 6 \\ 7 & 8 & 9 \end{pmatrix}$이고, $R = \begin{pmatrix} 0 & 0 & 1 \\ 0 & 1 & 0 \\ 1 & 0 & 0 \end{pmatrix}$이면

$$R(1,3)A = \begin{pmatrix} 7 & 8 & 9 \\ 4 & 5 & 6 \\ 1 & 2 & 3 \end{pmatrix} \quad (1\text{행} \leftrightarrow 3\text{행})$$

$$AR(1,3) = \begin{pmatrix} 3 & 2 & 1 \\ 6 & 5 & 4 \\ 9 & 8 & 7 \end{pmatrix} \quad (1\text{열} \leftrightarrow 3\text{열})$$

2.2 역행렬

역행렬을 구하는 일반적인 방법은 4장 4절에서 설명하고 있으나, 전자계산기를 이용하여 연립방정식의 해를 구할 때 흔히 사용하는 방법(algorithm)은 다음과 같다. 이 방법은 **가우스**(Gauss), 그리고 **폭스와 크라우트**(Fox and Crout) 등에 의해 개발되었다.

앞 절의 **기본행렬**(elementary matrix)을 사용하여 식 (3–3)에 적용하면

제1단계	$(1)\times\frac{1}{2}$	$P(1;\frac{1}{2})\cdots\cdots P_1$
	$(2)-(1)'$	$Q(2,1;-1)\cdots\cdots P_2$
	$(3)+(1)'$	$Q(3,1;\ 1)\cdots\cdots P_3$
제2단계	$(2)'\times\frac{1}{2}$	$P(2;\frac{1}{2})\cdots\cdots P_4$
	$(1)'$	I
	$(3)'-(2)''$	$Q(3,2;-1)\cdots\cdots P_5$
제3단계	$(3)''\times\frac{1}{4}$	$P(3;\frac{1}{4})\cdots\cdots P_6$
	$(1)''-(3)'''\times 2$	$Q(1,3;-2)\cdots\cdots P_7$
	$(2)''+(3)'''\times 2$	$Q(2,3;\ 2)\cdots\cdots P_8$

즉

$$P_8P_7P_6P_5P_4P_3P_2P_1A = I$$

이다. 이런 방법으로 계수행렬 A의 왼쪽에서 차례로 기본행렬 $P_1, P_2, \cdots, P_8$를 곱해서 단위행렬 I를 얻을 수 있다. 따라서

$$B = P_8P_7\cdots P_1$$

라고 놓으면

$$BA = I$$

가 된다.

역행렬의 정의에 의하여 $B = A^{-1}$이므로, 방정식

$$\mathrm{A}x = b$$

해는

$$x = A^{-1}b$$

로 얻어질 수 있다. 실제로

$$(P_8 \cdots\cdots P_1) = A^{-1}$$

이다. 즉

$$Q(2,3;2)\ \ Q(1,3;-2)\ \ P(3;\tfrac{1}{4})\ \ Q(3,2;-1)\ \ P(2;\tfrac{1}{2})\ \ Q(3,1;1)\ \ Q(2,1;-1)\ \ P(1;\tfrac{1}{2})$$

$$\begin{pmatrix}1&0&0\\0&1&2\\0&0&1\end{pmatrix}\begin{pmatrix}1&0&-2\\0&1&0\\0&0&1\end{pmatrix}\begin{pmatrix}1&0&0\\0&1&0\\0&0&\frac{1}{4}\end{pmatrix}\begin{pmatrix}1&0&0\\0&1&0\\0&-1&1\end{pmatrix}\begin{pmatrix}1&0&0\\0&\frac{1}{2}&0\\0&0&1\end{pmatrix}\begin{pmatrix}1&0&0\\0&1&0\\1&0&1\end{pmatrix}\begin{pmatrix}1&0&0\\-1&1&0\\0&0&1\end{pmatrix}\begin{pmatrix}\frac{1}{2}&0&0\\0&1&0\\0&0&1\end{pmatrix}$$

$$\begin{pmatrix}1&0&-2\\0&1&2\\0&0&1\end{pmatrix}\qquad\begin{pmatrix}1&0&0\\0&1&0\\0&-\frac{1}{4}&\frac{1}{4}\end{pmatrix}\qquad\begin{pmatrix}1&0&0\\0&\frac{1}{2}&0\\1&0&1\end{pmatrix}\qquad\begin{pmatrix}\frac{1}{2}&0&0\\-\frac{1}{2}&1&0\\0&0&1\end{pmatrix}$$

$$\begin{pmatrix}1&\frac{1}{2}&-\frac{1}{2}\\0&\frac{1}{2}&\frac{1}{2}\\0&-\frac{1}{4}&\frac{1}{4}\end{pmatrix}\qquad\qquad\begin{pmatrix}\frac{1}{2}&0&0\\-\frac{1}{4}&\frac{1}{2}&0\\\frac{1}{2}&0&0\end{pmatrix}$$

$$A^{-1} = \begin{pmatrix}\frac{1}{8}&\frac{1}{4}&-\frac{1}{2}\\\frac{1}{8}&\frac{1}{4}&\frac{1}{2}\\\frac{3}{16}&-\frac{1}{8}&\frac{1}{4}\end{pmatrix}$$

위 계산은

$$(P_8(\cdots(P_4(P_3(P_2(P_1(I))))))) = A^{-1}$$

처럼 단위행렬 I의 왼쪽에서 차례로 기본행렬을 곱하면 된다. 따라서 행렬 A의 오른

쪽에 단위행렬 I를 첨가한 행렬

$$(A,\ I)$$

에 왼쪽에서부터 소출법을 사용하여 n번으로 완료되었다고 하면

$$P_n P_{n-1} \cdots P_2 P_1 (A, I) = (I,\ A^{-1})$$

가 되어 행렬 A가 단위행렬 I로 바뀌고, 동시에 단위행렬 I는 A^{-1}로 변해서 역행렬이 된다. 전자계산기에서 역행렬을 구하는 방법(연립방정식의 해법)은 보통 이 방법을 사용한다. 유한개의 기본행렬 $P_1, P_2, \cdots, P_k$ 가 존재하여 $B = P_k P_{k-1} \cdots P_1 A$을 만족할 때 B는 A와 **행에 관한 동치**(row equivalent)라고 한다.

정리 3.1 정칙행렬은 기본행렬의 곱으로 분해할 수 있다.

[예 4] A^{-1}를 구하시오.

$$\left(\begin{array}{ccc|ccc} 2 & 0 & 4 & 1 & 0 & 0 \\ 1 & 2 & -2 & 0 & 1 & 0 \\ -1 & 1 & 0 & 0 & 0 & 1 \end{array}\right) = (A, I)$$

[예 5] 역행렬을 구하시오.

$$\begin{pmatrix} -1 & 2 & 1 \\ 0 & 2 & 1 \\ 2 & 1 & 0 \end{pmatrix}$$

2.3 R을 이용한 가우스 방법

```
> A <- matrix(c(2,2,3,3,5,9,5,6,7), ncol=3)
> A
     [,1] [,2] [,3]
[1,]    2    3    5
[2,]    2    5    6
[3,]    3    9    7
>
```

행렬 $B = A^{-1}$를 찾기 위해 행렬 A에 단위행렬을 붙인 것을 행렬 AB라고 하자.

```
AB <- cbind(A, diag(c(1,1,1)))
> AB
     [,1] [,2] [,3] [,4] [,5] [,6]
[1,]    2    3    5    1    0    0
[2,]    2    5    6    0    1    0
[3,]    3    9    7    0    0    1
>
```

$AB[1,1]=1 \quad AB[2,1]=0$

```
> AB[1, ]<-AB[1, ]/AB[1, 1]
> AB[2, ]<- AB[2, ]- 2*AB[1, ]
> AB[3, ]<- AB[3, ]- 3*AB[1, ]
> AB
     [,1] [,2] [,3] [,4] [,5] [,6]
[1,]    1  1.5  2.5  0.5    0    0
[2,]    0  2.0  1.0 -1.0    1    0
[3,]    0  4.5 -0.5 -1.5    0    1
>
```

$AB[2,2]=1 \quad AB[3,2]=0$

```
> AB[2, ]<-AB[2, ]/AB[2, 2]
> AB[3, ]<- AB[3, ]- 4.5*AB[2, ]
>
```

$AB[3,3]=1$

```
> AB[3, ]<-AB[3, ]/AB[3, 3]
> AB
     [,1] [,2] [,3]       [,4]      [,5]       [,6]
[1,]    1  1.5  2.5  0.5000000 0.0000000  0.0000000
[2,]    0  1.0  0.5 -0.5000000 0.5000000  0.0000000
[3,]    0  0.0  1.0 -0.2727273 0.8181818 -0.3636364
>
```

위위 결과에서 대각성분 아래는 0임을 알 수 있다. 다음 결과에서 대각성분 위는 0임을 알 수 있다.

```
> AB[2, ]<- AB[2, ]- 0.5*AB[3, ]
> AB[1, ]<- AB[1, ]- 2.5*AB[3, ]
> AB
     [,1] [,2] [,3]       [,4]        [,5]       [,6]
[1,]    1  1.5    0  1.1818182 -2.04545455  0.9090909
[2,]    0  1.0    0 -0.3636364  0.09090909  0.1818182
[3,]    0  0.0    1 -0.2727273  0.81818182 -0.3636364
>
```

```
> AB[1, ]<- AB[1, ]- 1.5*AB[2, ]
> AB
     [,1] [,2] [,3]       [,4]        [,5]       [,6]
[1,]    1    0    0  1.7272727 -2.18181818  0.6363636
[2,]    0    1    0 -0.3636364  0.09090909  0.1818182
[3,]    0    0    1 -0.2727273  0.81818182 -0.3636364
>
```

위 결과에서 행렬 AB의 오른쪽 3개 열을 행렬 B라고 하면 행렬 B는 행렬 A의 역행렬 A^{-1}이다. 이로부터 $AB=I$임을 알 수 있다.

```
> B <- AB[ ,4:6]
> A %*%B
              [,1]         [,2]         [,3]
[1,]  1.000000e+00 3.330669e-16 1.110223e-16
[2,] -4.440892e-16 1.000000e+00 2.220446e-16
[3,] -2.220446e-16 9.992007e-16 1.000000e+00
>
> round(A %*% B, 10)
     [,1] [,2] [,3]
[1,]    1    0    0
[2,]    0    1    0
[3,]    0    0    1
>
```

3 행렬의 계수

3.1 행렬의 계수

A_{pp}가 정방행렬이면, A_{pp}의 왼쪽에서 기본행렬을 곱함으로써 단위행렬 I_p가 생기는 것을 앞에서 보았지만, 항상 그렇게 되는 것은 아니다.

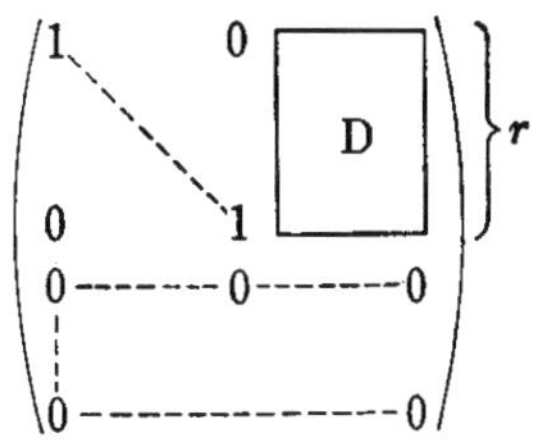

r회$(r<p)$의 소출시키는 과정 후에 $r+1$행의 성분이 모두 0이 되는 경우가 있다(D부분은 아직 소출이 끝나지 않고 있다). 이때 대각선상의 성분은 1이 r개 있다. 이 r개의 개수를 이(정방)행렬의 **계수**(rank)라고 하고,

$$rank(A) \text{ 혹은 } r(A)$$

로 표기한다. 위의 예에서 계수는 r이다.

p차 정방행렬 A에 p회 소출시키는 과정 후에 단위행렬 I_p가 되었을 때의 계수는 p이다. 이러한 행렬을 **정칙행렬**(nonsingular matrix)이라고 한다. 즉, p차 정방행렬로

$$r(A) = p$$

일 때 A는 정칙행렬이다.

정방행렬이 아닌 일반행렬 $B_{pq}(p<q)$일 때는 적당히 행 조작이나 열 조작을 통하여

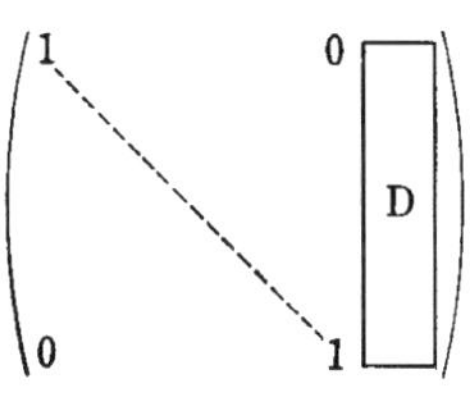 혹은 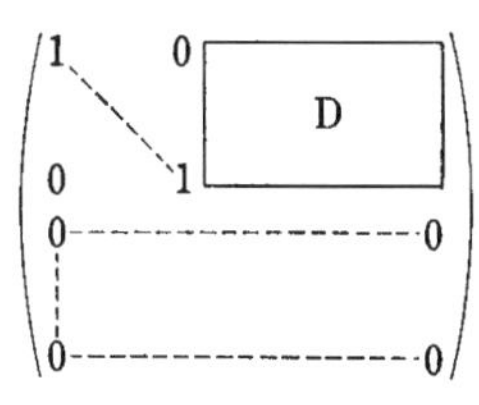

으로 변형할 수 있다. 이때 단위행렬의 대각성분의 개수를 이 행렬 B의 계수라고 한다.

3.2 벡터의 일차독립

정방행렬 A_{pp}가 $r(A)=r(<p)$일 때 소출법을 보면 처음 r개의 행벡터의 실수 배를 $r+1,\cdots,p$ 행에 각각 더함으로써, 그것들의 행벡터는 영벡터가 된다. 즉

$$a_i' = \lambda_1 a_1' + \lambda_2 a_2' + \cdots\cdots + \lambda_r a_r' \qquad \text{(일차결합)}$$

으로 할 수 있다. 즉, 여기 있는 $i \geq r+1$번째의 행벡터는 처음 r개의 행벡터의 일차

결합으로 표현할 수 있다. 이러한 경우 이 i번째의 벡터는 일차종속이라고 한다.

한편, 처음의 r개의 벡터에 대해서도 어느 하나를 선택하더라도 나머지의 일차결합으로 표현할 수는 없다(만일 가능하다면 중심이 0이 된다). 이런 경우에 이것들의 벡터는 일차종속이 아니라 일차독립이라고 한다.

행렬의 계수 $r(A)$는 이 행렬의 일차독립적인 행(열)벡터의 수를 표현하고 있다. 특히, 정칙행렬에 있어서 모든 행(열)벡터는 일차독립이다(자세한 것은 8장의 1절을 참고하라).

3.3 계수의 성질

행렬의 계수에 대해서는 다음과 같은 성질들이 있다.

(1) $r(A_{pq}) \leqq \min(p, q)$

(2) $r(A) = r(A')$

(3) $r(AB) \leqq \min(r(A), r(B))$

(4) 행렬 P가 정칙행렬이면, $r(PA) = r(A)$

(5) $r(A_{pq}) = p(p < q) \Leftrightarrow$ 모든 행(열)벡터는 일차독립이다.

(6) 정칙행렬 $\Leftrightarrow$ 역행렬을 갖는다.

$r(A_{nn}) = n$, A는 정칙이다. $\Leftrightarrow$ A^{-1}가 존재한다.

(7) $r(A_{pq}) = p < q$일 때, A는 **최대행계수**(full row rank)를 갖는다고 한다.

(8) $r(A_{pq}) = q < p$일 때, A는 **최대열계수**(full column rank)를 갖는다고 한다.

[예 6]

$$A = \begin{pmatrix} 1 & -1 & 2 \\ 2 & 0 & 1 \\ 1 & 1 & -1 \end{pmatrix}$$

의 계수를 구하라.

해

	1	−1	2	····· (1)
	2	0	1	····· (2)
	1	1	−1	····· (3)
	1	−1	2	····· (1)'
(2) − (1)'×2	0	2	−3	····· (2)'

(3) − (1)'	0 2 −3 ⋯⋯ (3)'
(1)' + (2)''	$1 \quad 0 \quad \frac{1}{2}$ ⋯⋯ (1)''
$(2)' \times \frac{1}{2}$	$0 \quad 1 \quad -\frac{3}{2}$ ⋯⋯ (2)''
(3)' − (2)''×2	0 0 0 ⋯⋯ (3)''

$$\therefore R(A) = 2$$

[문] 다음 행렬의 계수를 구하라.

$$A = \begin{pmatrix} 1 & 6 \\ 2 & 9 \\ 4 & 3 \end{pmatrix}, \quad B = \begin{pmatrix} 1 & 2 & -1 & 0 \\ 0 & 1 & 2 & 1 \\ -1 & 0 & 1 & 3 \\ 0 & 3 & 2 & -1 \end{pmatrix}, \quad C = \begin{pmatrix} 6 & 4 & -1 & 2 & 5 \\ 3 & 0 & -1 & 2 & 7 \\ 18 & 3 & 4 & -2 & 0 \\ 6 & 8 & 0 & 0 & -4 \end{pmatrix}$$

$$D = \begin{pmatrix} 3 & 7 & 6 \\ 2 & 1 & 7 \\ 4 & 6 & 3 \\ -1 & -1 & 0 \\ 6 & 8 & 3 \end{pmatrix}, \quad E = \begin{pmatrix} 1 & -1 & 0 \\ 3 & 2 & -4 \\ 5 & 0 & -4 \\ 1 & -6 & 0 \end{pmatrix}, \quad F = \begin{pmatrix} 21 & 6 & 3 \\ 12 & 16 & 36 \\ -63 & 13 & 18 \\ 0 & 93 & 81 \end{pmatrix}$$

3.4 최대계수 인수분해

행렬 A (단 $r_A \neq 0$)가 있을 때 A의 **정방소행렬**(square submatrix)이 적어도 하나 존재하여 다음과 같이 쓸 수 있다.

$$A_{pq} = \begin{pmatrix} X_{rr} & Y_{r(q-r)} \\ Z_{(p-r)r} & W_{(p-r)(q-r)} \end{pmatrix}$$

여기에서 X_{rr}는 정칙소행렬이다. 일반적으로 선형독립인 부분이 행렬의 앞부분에 존재하면 위 식을 표현할 수 있지만, 그렇지 않으면 **치환행렬**(permutation matrix)을 써서 행을 교환할 수 있다.

예를 들어 다음의 행렬 A를 보자.

$$A = \begin{pmatrix} 1 & 1 & 3 \\ 1 & 1 & 3 \\ 4 & 4 & 12 \\ 2 & 2 & 5 \end{pmatrix}$$

이 경우 행렬 A의 앞부분에 선형독립인 행이 존재하지 않기 때문에 기본 치환행렬

$R(i,\ j)$를 사용하면 다음과 같다.

$$R(2,\ 4)\ A = \begin{pmatrix} 1 & 0 & 0 & 0 \\ 0 & 0 & 0 & 1 \\ 0 & 0 & 1 & 0 \\ 0 & 1 & 0 & 0 \end{pmatrix} \begin{pmatrix} 1 & 1 & 3 \\ 1 & 1 & 3 \\ 4 & 4 & 12 \\ 2 & 2 & 5 \end{pmatrix} = \begin{pmatrix} 1 & 1 & 3 \\ 2 & 2 & 5 \\ 4 & 4 & 12 \\ 1 & 1 & 3 \end{pmatrix}$$

이는 행렬 A의 2행과 4행을 교환한 결과로서 선형독립인 부분을 앞부분으로 배치하여 $p \times q$ 행렬을 r개의 선형독립 행과 r개 벡터의 선형결합으로 나타낼 수 있는 $p-r$개의 행으로 분리하여 쓸 수 있다.

따라서 A_{pq}에서 처음 r개의 행과 처음 r개의 열들이 선형독립이라고 하면 처음 r개의 행들의 집합은 $(X\ \ Y)$이고, 그 행들은 선형독립이다. 그러므로 $(Z\ \ W)$의 행들은 $(X\ \ Y)$의 행들의 선형결합이다. 즉, 어떤 행렬 F가 존재하여 다음의 관계가 성립한다.

$$(Z\ \ W) = F(X\ \ Y)$$

마찬가지로 행렬 A_{pq}의 열들도 선형관계가 있다. 적당한 행렬 H에 대해 다음의 관계 역시 성립한다.

$$\begin{pmatrix} Y \\ W \end{pmatrix} = \begin{pmatrix} X \\ Z \end{pmatrix} H$$

한편 $Z = FX,\ \ W = FY,\ \ Y = XH$이므로 $W = FY = FXH$이다.

결과적으로 행렬 A_{pq}는 다음과 같다.

$$A_{pq} = \begin{pmatrix} X & Y \\ Z & W \end{pmatrix} = \begin{pmatrix} X & XH \\ FX & FXH \end{pmatrix} = \begin{pmatrix} I \\ F \end{pmatrix} \times [I\ \ H]$$

앞에서 언급한대로 소행렬 X는 정칙행렬이므로 X^{-1}가 존재한다. 따라서 $F = ZX^{-1}$, 그리고 $H = X^{-1}Y$로 쓸 수 있다. 이러한 사실로부터 $W = FY = ZX^{-1}Y$임을 알 수 있다. 따라서 A_{pq}는 다음과 같다.

$$A_{pq} = \begin{pmatrix} X & Y \\ Z & W \end{pmatrix} = \begin{pmatrix} X & Y \\ Z & ZX^{-1}Y \end{pmatrix} = \begin{pmatrix} I \\ ZX^{-1} \end{pmatrix} \times [\ I\ \ \ X^{-1}Y]$$

혹은

$$A_{pq} = \begin{pmatrix} X \\ FX \end{pmatrix} (I\ \ H) = \begin{pmatrix} I \\ F \end{pmatrix} (X\ \ XH)$$

이다. 이는 결국 $A_{pq} = K_{pr}L_{rq}$형태로서 K는 최대열계수 r을 갖고 L은 최대행계수 r을 갖게 된다. 이러한 표현을 **최대계수 인수분해**(full-rank factorization)라고 한다. 이것은 나중에 **무어-펜로즈**(Moore-panrose)의 역행렬을 구하는 데 유용하다.

4 기본행렬과 동치 표준형

4.1 기본행렬의 성질

세 종류 기본행렬 $P(i;k)$, $Q(i,j;k)$, $R(i,j)$는 **단위행렬**(identity matrix)을 변형한 정방행렬로서 어떤 행렬의 **계수**(rank), 혹은 **역행렬**(inverse matrix) 등을 구하는 데 유용하다.

4.1.1 행조작을 위한 앞쪽곱(premultiplication)

행렬 A가 다음과 같이 주어졌을 때, 각 주어진 기본행렬을 앞쪽에 곱한 경우 행간에 이루어지는 연산은 다음과 같다.

$$A = \begin{pmatrix} 1 & 1 & 1 \\ 2 & 2 & 2 \\ 3 & 3 & 3 \end{pmatrix}$$

$$P(2,\ k) = \begin{pmatrix} 1 & 0 & 0 \\ 0 & k & 0 \\ 0 & 0 & 1 \end{pmatrix},\quad Q(1,\ 2;k) = \begin{pmatrix} 1 & k & 0 \\ 0 & 1 & 0 \\ 0 & 0 & 1 \end{pmatrix},\quad R(1,\ 2) = \begin{pmatrix} 0 & 1 & 0 \\ 1 & 0 & 0 \\ 0 & 0 & 1 \end{pmatrix}$$

(1) $P(2,\ k)A = \begin{pmatrix} 1 & 1 & 1 \\ 2k & 2k & 2k \\ 3 & 3 & 3 \end{pmatrix}$; 2행 $\times k$

(2) $Q(1,2;k)A = \begin{pmatrix} 1+2k & 1+2k & 1+3k \\ 2 & 2 & 2 \\ 3 & 3 & 3 \end{pmatrix}$; 2행 $\times k+1$행

(3) $R(1,2)A = \begin{pmatrix} 2 & 2 & 2 \\ 1 & 1 & 1 \\ 3 & 3 & 3 \end{pmatrix}$; 1행 $\leftrightarrow$ 2행

4.1.2 열조작을 위한 뒤쪽 곱(post multiplication)

위에서 언급한 세 종류의 기본행렬을 행렬 A의 뒤쪽에 곱한 결과는 다음과 같다. 이러한 결과로부터 기본행렬의 연산기능을 파악할 수 있다.

(1) $AP(2,k)=\begin{pmatrix}1 & k & 1\\ 2 & 2k & 2\\ 3 & 3k & 3\end{pmatrix}$; 2열$\times k$

(2) $AQ(1,2;k)=\begin{pmatrix}1 & k+1 & 1\\ 2 & 2k+2 & 2\\ 3 & 3k+3 & 3\end{pmatrix}$; 1열$\times k+$2열

(3) $AQ(1,2)=\begin{pmatrix}1 & 1 & 1\\ 2 & 2 & 2\\ 3 & 3 & 3\end{pmatrix}$; 1열$\leftrightarrow$2열

4.1.3 기본행렬의 기타 성질

기본행렬의 행렬식(4장 참조)은

$$|P(i\ ;\ k)| = k,\quad |Q(i,\ j\ ;\ k)| = 1,\quad |R(i,\ j)| = -1$$

기본행렬의 전치행렬은

$$P'(i\ ;\ k)=P(i\ ;\ k),\quad Q'(i,j\ ;\ k)=Q(j,\ i\ ;\ k),\quad R'(i,j)=R(i,j)$$

마지막으로 기본행렬의 역행렬은

$$[P(i;k)]^{-1}=P(i;1/k),\ [Q(i,j;k)]^{-1}=Q(i,j;k),\ [R(i,j)]^{-1}=R(i,\ j)$$

이다.

4.2 기본행렬과 동치 표준형

행렬 A가 아래와 같이 정의되었다고 하자.

$$A=\begin{pmatrix}2 & 6 & 4 & 2\\ 4 & 15 & 14 & 7\\ 2 & 9 & 10 & 5\end{pmatrix}$$

이 행렬의 열과 행을 적당히 조작하여 연산하면

$$A\cong D=\begin{pmatrix}2 & 0 & 0 & 0\\ 0 & 3 & 0 & 0\\ 0 & 0 & 0 & 0\end{pmatrix}$$

를 얻을 수 있다.

이때 A와 D는 서로 **동치**(equivalence) 관계에 있다고 한다. 이러한 연산의 과정을

기본행렬들의 연산으로 표시해 보자.

	연산	기본행렬(연산자)
(1)	2행 − 2(1행)	$Q(2,1;-2) = p_1$
	3행 − 1행	$Q(3,1;-1) = p_2$
	3행 − 2행	$Q(3,2;-1) = p_3$
(2)	2열 − 3(1열)	$Q(1,2;-3) = q_1$
	3열 − 2(1열)	$Q(1,3;-2) = q_2$
	4열 − 1열	$Q(1,4;-1) = q_3$
	3열 − 2(2열)	$Q(2,3;-2) = q_4$
	4열 − 2열	$Q(2,4;-1) = q_5$

따라서 행렬 A에 대한 위와 같은 연산은 다음과 같다.

$$p_3 p_2 p_1 A\, q_1 q_2 q_3 q_4 q_5 = D$$

이고

$$D = \begin{pmatrix} 2 & 0 & 0 & 0 \\ 0 & 3 & 0 & 0 \\ 0 & 0 & 0 & 0 \end{pmatrix} = \begin{pmatrix} D_2 & 0 \\ 0 & 0 \end{pmatrix},\ \text{단, } D_2 = \begin{pmatrix} 2 & 0 \\ 0 & 3 \end{pmatrix}$$

으로 쓸 수 있다. 이때 행렬 D_r은 $r = 2$인 **대각행렬**(diagonal matrix)이며, A의 이러한 형태 변환을 **대각형**(diagonal form)이라고 한다.

또한 행렬 A의 앞쪽 곱에 해당하는 부분, 즉 $p_1 p_2 p_3$을 P로, 뒤쪽 곱 부분을 Q로 표시하면

$$PAQ = D$$

라고 쓸 수 있다.

특히 A가 대칭행렬의 경우는 P와 Q는 서로 대칭관계에 있다는 사실이 중요하다. 즉, $Q = P'$이므로

$$PAP' = D$$

인 관계가 성립한다.

한편

$$PAQ = D = \begin{pmatrix} 2 & 0 & 0 & 0 \\ 0 & 3 & 0 & 0 \\ 0 & 0 & 0 & 0 \end{pmatrix} = \begin{pmatrix} D_2 & 0 \\ 0 & 0 \end{pmatrix}$$

에서 D_2를 $I_2 = \begin{pmatrix} 1 & 0 \\ 0 & 1 \end{pmatrix}$로 변환하기 위한 기본행렬을 생각하면

연산	기본행렬(연산자)
$1\text{행} \times \frac{1}{2}$	$P(1; \frac{1}{2}) = p_1^*$
$2\text{행} \times \frac{1}{3}$	$P(2; \frac{1}{3}) = p_2^*$

행렬 D에 이러한 연산을 수행하면

$$p_2^* p_1^* PAQ = P^* AQ = \begin{pmatrix} 1 & 0 & 0 & 0 \\ 0 & 1 & 0 & 0 \\ 0 & 0 & 0 & 0 \end{pmatrix} = \begin{pmatrix} I_2 & 0 \\ 0 & 0 \end{pmatrix}$$

와 같은 표준형을 얻을 수 있다.

일반적으로 계수가 $r(\neq 0)$인 임의의 행렬 $A_{m \times n}$은

$$PAQ = \begin{pmatrix} I_r & 0 \\ 0 & 0 \end{pmatrix}$$

와 동치관계에 있다. 여기서 P는 행 조작을 위한 m차 기본연산자 행렬들의 곱이고 Q는 열 조작을 위한 n차 기본연산자들의 곱이다. 이런 행렬을 A에 대한 **동치 표준형**(equivalent canonical for)이라고 한다. 동치 표준형은 항상 존재하고 P와 Q가 유일하지 않지만 그 존재성이 보장된다. 행렬 A가 정칙행렬이면 $PAQ = I$가 된다. 따라서 $A = P^{-1}Q^{-1}$이므로 모든 정칙행렬은 기본연산자 행렬들의 곱임을 알 수 있다.

행렬 PAQ가 대칭행렬 A에 대한 대각형이면 P와 Q는 서로 대칭관계에 있다. 즉 $Q = P'$이므로 다음과 같은 관계가 성립한다.

$$PAP' = \begin{pmatrix} D_r & 0 \\ 0 & 0 \end{pmatrix}$$

만일 A가 대칭행렬일 경우 기본행렬을

$$P\left(1;\frac{1}{\sqrt{2}}\right)=p_1^{**}$$

$$P\left(1;\frac{1}{\sqrt{3}}\right)=p_2^{**}$$

으로 놓으면

$$PAP'=D$$

에서 앞쪽 곱에 $p_2^{**}p_1^{**}$을 뒤쪽 곱에 $p_1^{**'}p_2^{**'}$를 곱하면

$$p_2^{**}p_1^{**}PAP'p_1^{*'*}p_2^{*'*}=P^{**}AP'^{**}=C$$

라고 쓸 수 있다.

일반적으로 주어진 행렬 A에 대한 기본행렬의 앞쪽 및 뒤쪽 곱에 의한 연산의 결과가

$$p_1p_2\cdots p_nAq_1q_2\cdots q_m=B$$

라고 할 때, A와 B는 **동치**(equivalent) 관계에 있다고 하고, $A\simeq B$로 표시한다. 기본연산자를 적당히 선택하면 A와 동치인 행렬 B의 형태는 대각형 혹은 표준형으로, 유도할 수 있으며, 이는 행렬대수에 중요한 역할을 수행한다. 또 위의 식을 간단히 쓰면

$$PAQ=B$$

라고 쓸 수 있다. 이때

$$A=P^{-1}BQ^{-1}$$

이다. 여기에서 $P^{-1}=p_n^{-1}p_{n-1}^{-1}\cdots p_1^{-1}$이고, $Q^{-1}=q_m^{-1}q_{m-1}^{-1}\cdots q_1^{-1}$이다.

각 기본행렬은 단위행렬에서 변형된 것으로 행렬의 역행렬이 전부 존재하는 것이 당연하다.

5 일반 연립일차방정식

5.1 연립일차방정식

3장 1절에서 연립일차방정식

$$A\vec{x} = \vec{b}$$

는 A가 정칙행렬일 경우만 생각하였지만, 여기서는 행렬 A가 일반적인 미지수 n개와 방정식 m개를 포함할 경우($m = n$일 경우도 포함한다)를 생각하자. 즉

$$A = \begin{pmatrix} a_{11} & a_{12} \cdots & a_{1n} \\ a_{21} & a_{22} \cdots & a_{2n} \\ & \vdots & \\ a_{m1} & a_{m2} \cdots & a_{mn} \end{pmatrix}, \qquad \vec{x} = \begin{pmatrix} x_1 \\ x_2 \\ \vdots \\ x_n \end{pmatrix}, \qquad \vec{b} = \begin{pmatrix} b_1 \\ b_2 \\ \vdots \\ b_m \end{pmatrix}$$

이고, $\widetilde{A}$를 확대계수행렬이라고 하면

$$\widetilde{A} = \begin{pmatrix} a_{11} & a_{12} \cdots & a_{1n} & b_1 \\ \vdots & \vdots & \vdots & \vdots \\ a_{m1} & a_{m2} \cdots & a_{mn} & b_m \end{pmatrix} \tag{3-4}$$

이다. 이때 행렬 $\widetilde{A}$에 기본조작(r회의 소출법)을 통하여 만들어진 행렬 $\widetilde{C}$가 다음과 같은 모양이 되었다고 생각하자.

$$\widetilde{C} = \begin{array}{l} r\text{개}\left\{ \begin{array}{l} \\ \\ \\ \end{array} \right. \\ (m-r)\text{개}\left\{ \begin{array}{l} \\ \\ \end{array} \right. \end{array} \left(\begin{array}{ccccc} 1 & \overbrace{0 \cdots\cdots 0}^{r\text{개}} & \overbrace{c_{1r+1} \cdots\cdots c_{1n}}^{(n-r)\text{개}} & d_1 \\ 0 & 1 \cdots\cdots 0 & c_{2r+1} \cdots\cdots c_{2n} & d_2 \\ \vdots & \ddots \quad \vdots & \vdots \qquad \vdots & \vdots \\ 0 & \cdots\cdots\cdots 1 & c_{r\,r+1} \cdots\cdots c_{rn} & d_r \\ 0 & \cdots\cdots\cdots 0 & 0 \cdots\cdots 0 & d_{r+1} \\ \vdots & \vdots & \vdots \qquad \vdots & \vdots \\ 0 & \cdots\cdots\cdots 0 & 0 \cdots\cdots 0 & d_m \end{array} \right) \tag{3-5}$$

이때 $R(A) = r$이다.

연립방정식은 소출법으로 풀 수 있으므로 마찬가지로 $\widetilde{A}$로부터 얻어진 행렬

$$\widetilde{C} = (C,\ \vec{d})$$

에 관한 방정식

$$C\vec{x} = \vec{d} \tag{3-6}$$

의 해가 원래의 방정식 $A\vec{x} = \vec{b}$의 해이다.

식 (3-6)을 조금 더 설명하면

$$
\begin{aligned}
x_1 + c_{1r+1}x_{r+1} + \cdots\cdots + c_{1n}x_n &= d_1 \\
x_2 + c_{2r-1}x_{r+1} + \cdots\cdots + c_{2n}x_n &= d_2 \\
\cdots\cdots\cdots\cdots\cdots\cdots\cdots\cdots & \\
x_r + c_{rr+1}x_{r+1} + \cdots\cdots + c_{rn}x_n &= d_r \\
0 &= d_{r+1} \\
&\vdots \\
0 &= d_m
\end{aligned}
\qquad (3\text{-}6)'
$$

식 (3-6)'로부터

$$d_{r+1} = d_{r+2} = \cdots\cdots = d_m = 0 \qquad (3\text{-}7)$$

이 아닌 경우에는 식 (3-6)이 성립되지 않으므로 해를 구할 수 없다. 따라서 식 (3-7)의 조건을 만족할 때

$$
\widetilde{C} = \begin{pmatrix}
1 & \cdots\cdots & 0 & c_{1r+1} \cdots\cdots & c_{1n} & d_1 \\
\vdots & & \vdots & & & \\
0 & \cdots\cdots & 1 & c_{rr+1} \cdots\cdots & c_{rn} & d_r \\
0 & \cdots\cdots & \cdots\cdots & \cdots\cdots & \cdots\cdots & 0 \\
\vdots & & & & & \\
0 & \cdots\cdots & \cdots\cdots & \cdots\cdots & \cdots\cdots & 0
\end{pmatrix}
$$

이므로

$$R(\widetilde{C}) = R(\widetilde{A}) = r \qquad (3\text{-}8)$$

이다. 다시 말하면 식 (3-7), 즉 식 (3-8)의 조건이 성립할 때 연립방정식

$$
\begin{aligned}
x_1 \qquad\qquad\qquad & + c_{1r+1}x_{r+1} + \cdots\cdots + c_{1n}x_n = d_1 \\
x_2 \qquad\qquad & + c_{2r+1}x_{r+1} + \cdots\cdots + c_{2n}x_n = d_2 \\
\ddots \qquad & \qquad\qquad\qquad\qquad\qquad \vdots \\
x_r & + c_{rr+1}x_{r+1} \cdots\cdots + c_{rn}x_n = d_r
\end{aligned}
\qquad (3\text{-}9)
$$

의 해는 원래 방정식의 해가 된다. 따라서 이것을 정리하면

$$
\begin{aligned}
x_1 &= d_1 - c_{1r+1}x_{r+1} - \cdots\cdots - c_{1n}x_n \\
x_2 &= d_2 - c_{2r+1}x_{r+1} - \cdots\cdots - c_{2n}x_n \\
&\vdots \\
x_r &= d_r - c_{rr+1}x_{r+1} - \cdots\cdots - c_{rn}x_n
\end{aligned}
\tag{3-10}
$$

(x_{r+1}, x_{r+2}, $\cdots$, x_n은 임의의 수)

를 얻는다. 이러한 사실로부터 아래의 정리를 얻을 수 있다.

정리 3.2 (해의 존재)

연립방정식

$$A\vec{x} = \vec{b}$$

가 해를 갖기 위한 필요충분조건은

$$R(A) = R(\widetilde{A}), \quad \text{여기서} \quad \widetilde{A} = (A,\ \vec{b})$$

이다.

[예 7] 다음의 연립일차방정식을 풀어라.

$$
\begin{cases}
x - 2y + w = 3 \\
y + z - w = -1 \\
2x + y + z + w = 1
\end{cases}
$$

해 확대계수행렬

$$
\begin{pmatrix} 1 & -2 & 0 & 1 & 3 \\ 0 & 1 & 1 & -1 & -1 \\ 2 & 1 & 1 & 1 & 1 \end{pmatrix} \to \begin{pmatrix} 1 & 0 & 0 & 1 & 1 \\ 0 & 1 & 0 & 0 & -1 \\ 0 & 0 & 1 & -1 & 0 \end{pmatrix}
$$

$$
\Rightarrow \begin{aligned} x + w &= 1 \\ y &= -1 \\ z - w &= 0 \end{aligned} \qquad \Rightarrow \quad \begin{aligned} x &= 1 - w \\ y &= -1 \\ z &= w \end{aligned}
$$

w는 임의의 수

5.2 동차일차방정식

연립일차방정식의 우변의 상수항이 모든 0으로 되어 있는 경우를 **동차일차방정식**(homogeneous equation)이라고 한다. 즉

$$A\vec{x} = \vec{0} \tag{3-11}$$

동차일차방정식에서는 확대계수행렬 $\widetilde{A} = (A, \ \vec{0})$는 A에 $\vec{0}$을 옆으로 배열한 것이므로

$$R(\widetilde{A}) = R(A)$$

이다. 그러므로 동차일차방정식은 반드시 해를 갖는다. 특히, $\vec{x} = \vec{0}$은 $A\vec{x} = \vec{0}$을 만족하므로 이 해를 **자명한 해**(trivial solution)라고 하자. 그러면 동차일차방정식이 자명한 해가 아닌 다른 해를 갖는 경우가 어떤 때인지를 생각해 볼 수 있다. 미지수의 개수가 n이고, 방정식의 개수가 m인 경우 계수행렬 A의 계수를 r이라고 하면, 이때 확대계수행렬 $\widetilde{A}$에 소출법을 행하여 행렬 $\widetilde{C}$, 즉 다음의 형태를 얻을 수 있다.

$$\tilde{\boldsymbol{C}} = \begin{array}{c} r \left\{ \begin{matrix} \\ \\ \\ \\ \end{matrix} \right. \\ m-r \left\{ \begin{matrix} \\ \\ \\ \end{matrix} \right. \end{array} \left(\begin{array}{cccc|cccc|c} 1 & 0 & \cdots & 0 & c_{1r+1} & c_{1r+2} & \cdots & c_{1n} & 0 \\ 0 & 1 & \cdots & 0 & c_{2r+1} & c_{2r+2} & \cdots & c_{2n} & 0 \\ \vdots & & \ddots & \vdots & \vdots & & & \vdots & \vdots \\ 0 & \cdots & \cdots & 1 & c_{rr+1} & c_{rr+2} & \cdots & c_{rn} & 0 \\ 0 & \cdots & \cdots & 0 & 0 & \cdots & \cdots & 0 & 0 \\ \vdots & & & \vdots & \vdots & & & \vdots & \vdots \\ 0 & \cdots & \cdots & 0 & 0 & \cdots & \cdots & 0 & 0 \end{array} \right) \tag{3-12}$$

(위 행렬에서 왼쪽 r개의 열 위에 r, 그 다음 열들 위에 $n-r$이 표시됨)

(a) $m \neq n$인 경우는 $R(A) = r < n$이므로, 자명한 해가 아닌 해가 존재하고,

$$\begin{aligned} x_1 &= -c_{1r+1}x_{r+1} - c_{1r+2}x_{r+2} - \cdots\cdots - c_{1n}x_n \\ x_2 &= -c_{2r+1}x_{r+1} - c_{2r+2}x_{r+2} - \cdots\cdots - c_{2n}x_n \\ &\cdots\cdots\cdots\cdots\cdots\cdots\cdots\cdots\cdots\cdots \\ x_r &= -c_{rr+1}x_{r+1} - c_{rr+2}x_{r+2} - \cdots\cdots - c_{rn}x_n \end{aligned} \tag{3-13}$$

($x_{r+1}, \ x_{r+2}, \ \cdots, \ x_n$은 임의의 수)

이다.

(b) $m = n$인 경우에는 $R(A) = r < n$, 즉 A가 정칙행렬이 아니면 식 (3-13)의 형태의 해를 갖는다. 만약 $R(A) = n$이면 A에 기본조작을 함으로써, 단위행렬로 변형시킬 수 있으므로

$$A\vec{x} = \vec{0}, \quad I\vec{x} = \vec{0}$$

는 동치이다. 따라서 $\vec{x} = \vec{0}$이라는 자명한 해 이외에는 해가 존재하지 않는다.

[예 8] 다음의 동차일차방정식의 해를 구하시오.

$$\begin{aligned} x - y - z &= 0 \\ x + y + z + 2w &= 0 \\ y + z + w &= 0 \\ x + z + 3w &= 0 \end{aligned}$$

해 확대계수행렬

$$\begin{pmatrix} 1 & -1 & -1 & 0 & 0 \\ 1 & 1 & 1 & 2 & 0 \\ 0 & 1 & 1 & 1 & 0 \\ 1 & 0 & 1 & 3 & 0 \end{pmatrix} \to \begin{pmatrix} 1 & 0 & 0 & 1 & 0 \\ 0 & 1 & 0 & -1 & 0 \\ 0 & 0 & 1 & 2 & 0 \\ 0 & 0 & 0 & 0 & 0 \end{pmatrix}$$

의 해는

$$\begin{aligned} x &= -w \\ y &= w \\ z &= -2w \end{aligned}$$

w는 임의의 수

이다.

연습문제

1 다음 행렬의 계수(rank)를 구하고, 역행렬이 존재하면 구하라.

(1) $\begin{pmatrix} 1 & 2 & 3 \\ -2 & -3 & -4 \\ 2 & 2 & 4 \end{pmatrix}$ (2) $\begin{pmatrix} 1 & 0 & -1 \\ 2 & 1 & 0 \\ 1 & 0 & 3 \end{pmatrix}$ (3) $\begin{pmatrix} 3 & 0 & -5 \\ 0 & 3 & 2 \\ 1 & -2 & -3 \end{pmatrix}$

2 다음의 연립일차방정식의 해를 구하라.

(1) $\begin{cases} 2x_1 + 4x_2 + x_3 - x_4 = 1 \\ x_1 + 2x_2 - x_3 + x_4 = 2 \\ 2x_1 + x_2 + x_3 + 2x_4 = -2 \\ x_1 + 3x_2 + 2x_3 - 3x_4 = 0 \end{cases}$ (2) $\begin{cases} x_1 + x_3 + 2x_4 = 6 \\ -2x_1 + x_2 + 4x_3 + x_4 = 3 \\ -x_1 + x_2 + 2x_3 + x_4 = 4 \end{cases}$

3 다음의 방정식이 해를 갖도록 a를 정하라.

$$\begin{aligned} x - y + 2z &= 2 \\ 2x + z &= 1 \\ x + y - z &= a \end{aligned}$$

4 행렬 A가 다음과 같이 주어졌을 때

$$A = \begin{pmatrix} 1 & 2 & -1 & 1 \\ 2 & 1 & 0 & 3 \\ 0 & -3 & 2 & 1 \\ -3 & 0 & -1 & -5 \end{pmatrix}$$

$PAQ = \begin{pmatrix} I_r & 0 \\ 0 & 0 \end{pmatrix}$가 되는 행렬 P와 Q를 구하라(단, $r = \text{rank}(A)$).

5 $C\ \ AC = \begin{pmatrix} 1 & 0 & 0 \\ 0 & -1 & 0 \\ 0 & 0 & 0 \end{pmatrix}$가 되는 정칙행렬 C를 구하라.

단, $A = \begin{pmatrix} 0 & -1 & -2 \\ -1 & -1 & -1 \\ -2 & -1 & 0 \end{pmatrix}$

6 다음 행렬을 최대계수 인수분해하여 $A_{pq} = K_{pr} L_{rq}$ 형태로 표현하라.

(1) $\begin{pmatrix} 1 & 2 & 1 & 5 \\ 2 & 5 & 1 & 14 \\ 9 & 9 & 3 & 24 \end{pmatrix}$ (2) $\begin{pmatrix} 2 & 2 & 3 & 1 \\ 2 & 2 & 3 & 1 \\ 4 & 4 & 6 & 2 \\ 1 & 1 & 1 & 1 \\ -1 & -1 & -1 & 3 \end{pmatrix}$

7 다음의 행렬에 대하여 대각형과 동치 표준형을 구하라.

(1) $\begin{pmatrix} 7 & 13 \\ 2 & 9 \end{pmatrix}$ (2) $\begin{pmatrix} 3 & 6 & 48 \\ 1 & 9 & 2 \\ 4 & 1 & 3 \end{pmatrix}$

(3) $\begin{pmatrix} 1 & 0 & -1 \\ 3 & -4 & 2 \\ 5 & -4 & 0 \\ 1 & 4 & -6 \end{pmatrix}$ (4) $\begin{pmatrix} 3 & 6 & 2 & 4 \\ 9 & 1 & 3 & 2 \\ 6 & -5 & 1 & -2 \end{pmatrix}$

(5) $\begin{pmatrix} 4 & 4 & 10 \\ 4 & 20 & 18 \\ 10 & 18 & 29 \end{pmatrix}$ (6) $\begin{pmatrix} 4 & 6 & 12 \\ 6 & 8 & 1 \\ 12 & 1 & 5 \end{pmatrix}$

4장

행렬식

1 평행다면체의 체적

1.1 평행사변형의 면적

2장 1절의 예 1에서 두 개의 벡터 $\vec{a}$, $\vec{b}$로 이루어진 평행사변형의 면적을

$$S = \sqrt{\|\vec{a}\|^2 \cdot \|\vec{b}\|^2 - (\vec{a}'\vec{b})^2} \tag{4-1}$$

로 구하였다.

이제 $\|\vec{a}\|^2 = (a_1^2 + a_2^2)$, $\|\vec{b}\|^2 = (b_1^2 + b_2^2)$이면, 이것을 식 (4-1)에 대입하여

$$\begin{aligned} S^2 &= (a_1^2 + a_2^2)(b_1^2 + b_2^2) - (a_1 b_1 + a_2 b_2)^2 \qquad (4\text{-}2) \\ &= a_1^2 b_2^2 - 2a_1 a_2 b_1 b_2 + a_2^2 b_1^2 \\ &= (a_1 b_2 - a_2 b_1)^2 \end{aligned}$$

$$\therefore S = |\, a_1 b_2 - a_2 b_1 \,|$$

을 얻을 수 있다.

1.2 평행사변형과 소출법

다음에 평행사변형의 면적을 변경하지 않고 직사각형으로 바꾸어 보자.

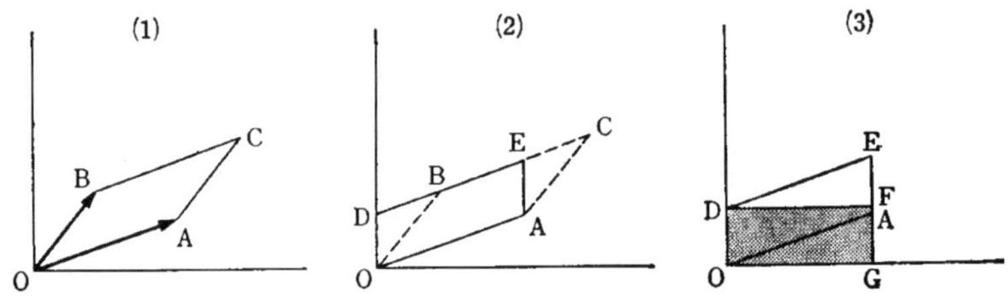

□OACB = ▱OAED = ▭OGFD = S

(1) (2) (3)

$$\begin{pmatrix} a_1 & a_2 \\ b_1 & b_2 \end{pmatrix} \rightarrow \begin{pmatrix} a_1 & a_2 \\ 0 & b_2 - b_1 \dfrac{a_2}{a_1} \end{pmatrix} \rightarrow \begin{pmatrix} a_1 & 0 \\ 0 & \dfrac{a_1 b_2 - a_2 b_1}{a_1} \end{pmatrix}$$

두 개의 벡터 (a_1, a_2), (b_1, b_2)를 늘어놓아 행렬을 만들어 이것에 소출법을 적용하면 위와 같이 되는데, (2)의 2행은 점 D의 좌표이고, 더욱이 (3)의 1행은 점 G의 좌표이다.

$$S = OGFD = \overline{OG} \cdot \overline{OD} = a_1 \cdot \frac{a_1 b_2 - a_2 b_1}{a_1} = a_1 b_2 - a_2 b_1$$

를 얻는다. 이것은 면적 S를 구하기 위한 것이며, 마지막 조작 (3)은 불필요하므로 (2)의 대각성분을 곱하면 된다는 것을 금방 알 수 있다.

또한 S의 면적 $a_1 b_2 - a_2 b_1$의 값은 두 벡터 $\vec{a}$, $\vec{b}$의 위치에 따라 양 또는 음이 된다는 것을 알 수 있다. 따라서

$$S = |a_1 b_2 - a_2 b_1| \qquad (4\text{–}2)'$$

이다.

1.3 평행육면체의 체적

공간내의 동일평면상에 있지 않은 세 벡터 (a_1, a_2, a_3), (b_1, b_2, b_3), (c_1, c_2, c_3)로 이루어진 평행육면체의 체적을 구해 보자.

전항과 같이 체적을 변경하지 않고 직방체화하기 위하여 소출법을 적용하면

$$\underset{(1)}{\begin{pmatrix} a_1 & a_2 & a_3 \\ b_1 & b_2 & b_3 \\ c_1 & c_2 & c_3 \end{pmatrix}} \rightarrow \underset{(2)}{\begin{pmatrix} a_1 & a_2 & a_3 \\ 0 & b_2 - \dfrac{a_2 b_1}{a_1} & b_3 - \dfrac{a_3 b_1}{a_1} \\ 0 & c_2 - \dfrac{a_2 c_1}{a_1} & c_3 - \dfrac{a_3 c_1}{a_1} \end{pmatrix}} \rightarrow \underset{(3)}{\begin{pmatrix} a_1 & a_2 & a_3 \\ 0 & b_2 - \dfrac{a_2 b_1}{a_1} & b_3 - \dfrac{a_3 b_1}{a_1} \\ 0 & 0 & * \end{pmatrix}}$$

여기서

$$\begin{aligned} * &= c_3 - \frac{a_3 c_1}{a_1} - \frac{b_3 - \dfrac{a_3 b_1}{a_1}}{b_2 - \dfrac{a_2 b_2}{a_1}} \left(c_1 - \frac{a_2 c_1}{a_1} \right) \\ &= \frac{1}{a_1} \cdot \frac{1}{b_2 - \dfrac{a_2 b_1}{a_1}} (a_1 b_2 c_3 + a_2 b_3 c_1 + a_3 b_1 c_2 - c_3 b_2 c_1 - a_2 b_1 c_3 - a_1 b_3 c_2) \end{aligned}$$

이다. 따라서 평행육면체의 체적은 대각성분의 곱의 절댓값을 얻을 수 있다. 즉

$$V=|a_1b_2c_3+a_2b_3c_1+a_3b_1c_2-a_3b_2c_1-a_2b_1c_3-a_1b_3c_2| \tag{4-3}$$

를 얻는다.

1.4 행렬식의 정의

2차 및 3차 정방행렬의 행렬식은 평행사변형의 면적 및 평행육면체의 체적에 부호를 붙인 것으로 정의한다. 즉, 식 (4–2), (4–3)에 절댓값 부호를 없앤 것과 같다.

$$\begin{vmatrix} a_1 & a_2 \\ b_1 & b_2 \end{vmatrix} = a_1b_2-b_1a_2 \tag{4-4}$$

$$\begin{vmatrix} a_1 & a_2 & a_3 \\ b_1 & b_2 & b_3 \\ c_1 & c_2 & c_3 \end{vmatrix} = a_1b_2c_3+a_2b_3c_1+a_3b_1c_2-a_3b_2c_1-a_2b_1c_3-a_1b_3c_2 \tag{4-5}$$

예를 들어, 부호관계를 살펴보자.

i) $\begin{vmatrix} 1 & 0 \\ 0 & 1 \end{vmatrix}=1$　　ii) $\begin{vmatrix} -1 & 0 \\ 0 & 1 \end{vmatrix}=-1$　　iii) $\begin{vmatrix} 0 & 1 \\ 1 & 0 \end{vmatrix}=-1$　　iv) $\begin{vmatrix} -1 & 0 \\ 0 & -1 \end{vmatrix}=1$

위의 예는 어느 것이나 면적이 1인 정사각형이지만, 그 위치관계를 살펴보면

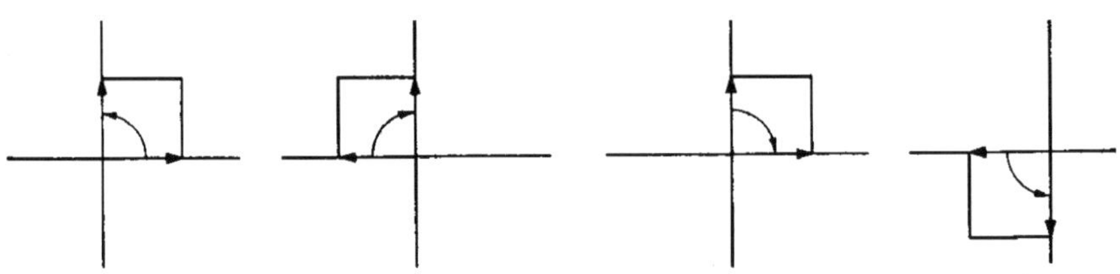

(i)　(ii)　(iii)　(iv)

그림과 같이 1행에서 2행으로 가는 방향이 시계반대방향이면 양이고, 그 역이면 음이 되는 것을 알 수 있다.

2차 및 3차의 행렬식인 경우, 다음과 같이 하면 편리하다(4차 이상에서는 이러한 방법이 적용되지 않는다).

$$\begin{vmatrix} a_{11} & a_{12} \\ a_{21} & a_{22} \end{vmatrix} = a_{11}a_{22}-a_{12}a_{21}$$

$$\begin{vmatrix} a_{11} & a_{12} & a_{13} \\ a_{21} & a_{22} & a_{23} \\ a_{31} & a_{32} & a_{33} \end{vmatrix} = a_{11}a_{22}a_{33}+a_{12}a_{23}a_{31}+a_{13}a_{21}a_{32}-a_{13}a_{22}a_{31}-a_{12}a_{21}a_{33}-a_{11}a_{23}a_{32}$$

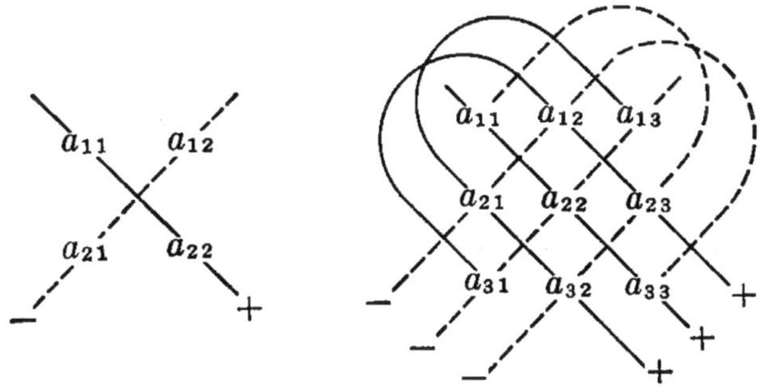

[예 1] $\begin{vmatrix} 1 & 0 & 4 \\ 2 & -1 & 3 \\ 5 & 2 & 6 \end{vmatrix}$의 값을 구하라.

해 (i) 소출법

$$\begin{vmatrix} 1 & 0 & 4 \\ 2 & -1 & 3 \\ 5 & 2 & 6 \end{vmatrix} = \begin{vmatrix} 1 & 0 & 4 \\ 0 & -1 & -5 \\ 0 & 2 & -14 \end{vmatrix} = \begin{vmatrix} 1 & 0 & 4 \\ 0 & -1 & -5 \\ 0 & 0 & -24 \end{vmatrix}$$

$$= 1 \times (-1) \times (-24) = 24$$

(ii) 식에 직접 대입하여

$$\begin{vmatrix} 1 & 0 & 4 \\ 2 & -1 & 3 \\ 5 & 2 & 6 \end{vmatrix} = 1 \cdot (-1) \cdot 6 + 0 \cdot 3 \cdot 5$$

$$+ 4 \cdot 2 \cdot 2 - 4 \cdot (-1) \cdot 5 - 0 \cdot 2 \cdot 6 - 1 \cdot 3 \cdot 2$$

$$= -6 + 16 + 20 - 6 = 24$$

[문] 다음 행렬식의 값을 구하라.

(1) $\begin{vmatrix} 4 & 8 & 2 \\ 3 & 5 & 6 \\ 8 & 1 & 6 \end{vmatrix}$ (2) $\begin{vmatrix} 2 & 0 & 4 \\ 1 & 2 & -2 \\ -1 & 1 & 0 \end{vmatrix}$ (3) $\begin{vmatrix} 1 & -1 & 2 \\ 2 & 0 & 1 \\ 1 & 1 & -1 \end{vmatrix}$

2 행렬식의 계산

정리 4.1 (행렬식의 성질)

(1) 전치행렬의 행렬식의 값은 변하지 않는다.

(2) 두 행(열)을 바꾸면, 행렬식의 값은 부호만 바뀐다.

(3) 한 행(열)의 성분이 전부 0이면, 행렬식의 값은 0이다.

(4) 두 행(열)의 대응하는 성분이 모두 같거나, 비례하면 행렬식의 값은 0이다.

(5) 한 행(열)에 공통인자가 있으면, 행렬식의 값은 공통인자만큼 곱한다.

(6) 한 행(열)에 k배 한 것을 다른 행(열)에 더하면, 행렬식의 값은 변하지 않는다.

■ 참고

(1) $\det(A') = \det(A)$

(2) $\det[R(i,j)\ \ A] = -\det(A)$

(3) 만일 $a_{i1} = a_{i2} = \cdots = a_{\in} = 0$이면, $\det(A) = 0$

(4) 만일 $\underline{a}_i = k\underline{a}_j$이면, $\det(A) = 0$

(5) $\det[P(i;k)\,A] = k\mid A\mid$

(6) $\det[Q(i,j;k)\,A] = \mid A\mid$

보조정리 4.1

정칙행렬이 아닌 정방행렬의 행렬식의 값은 0이다.

[예 2]

$$\begin{vmatrix} a+b & b+c & c+a \\ b+c & c+a & a+b \\ c+a & a+b & b+c \end{vmatrix}$$

을 간단히 하여라.

해 1열에서 2열과 3열을 뺀다.

$$\text{주어진 식} = \begin{vmatrix} -2c & b+c & c+a \\ -2a & c+a & a+b \\ -2b & a+b & b+c \end{vmatrix} = -2\begin{vmatrix} c & b+c & c+a \\ a & c+a & a+b \\ b & a+b & b+c \end{vmatrix}$$

2열과 3열에서 1열을 뺀다.

$$= -2\begin{vmatrix} c & b & a \\ a & c & b \\ b & a & c \end{vmatrix}$$

1열과 3열을 바꾼다.

$$= 2\begin{vmatrix} a & b & c \\ b & c & a \\ c & a & b \end{vmatrix}$$

[예 3]

$$\begin{vmatrix} 3 & 2 & 2 \\ 2 & 3 & 2 \\ 2 & 2 & 3 \end{vmatrix}$$

의 값을 구하라.

해 1행과 2행에서 3행을 뺀다.

$$\text{주어진 식} = \begin{vmatrix} 1 & 0 & -1 \\ 0 & 1 & -1 \\ 2 & 2 & 3 \end{vmatrix}$$

3행에 1행을 2배한 것을 빼고, 또한 2행에 두 배한 것을 뺀다.

$$= \begin{vmatrix} 1 & 0 & -1 \\ 0 & 1 & -1 \\ 0 & 0 & 7 \end{vmatrix} = 7$$

[문]

$$\begin{vmatrix} 1 & a & b+c \\ 1 & b & c+a \\ 1 & c & a+b \end{vmatrix}$$

의 값을 구하라.

해 정리 4.1의 (2), (5), (6)에 기본행렬을 사용하면

(2)는 $|RA| = -A$

(5)는 $|PA| = k|A|$, 여기서 $P = P(i;k)$

(6)은 $|QA| = |A|$

이 성립한다. 예를 들면

$$|P(2;k)| = \begin{vmatrix} 1 & 0 & 0 \\ 0 & k & 0 \\ 0 & 0 & 1 \end{vmatrix} = k \qquad |Q(1,3;k)| = \begin{vmatrix} 1 & 0 & k \\ 0 & 1 & 0 \\ 0 & 0 & 1 \end{vmatrix} = 1$$

$$|R(2,3)| = \begin{vmatrix} 1 & 0 & 0 \\ 0 & 0 & 1 \\ 0 & 1 & 0 \end{vmatrix} = -1$$

이다. 따라서 임의의 기본행렬에 대하여

$$|RA| = |R| \cdot |A|,\ |AP| = |A| \cdot |P|,$$
$$|QA| = |A| \cdot |Q|$$

이 성립함을 알 수 있다. 또한, 앞의 정리 3.1 및 보조정리 4.1을 이용하여 다음 정리를 얻을 수 있다.

정리 4.2 (행렬의 곱)

A와 B가 차수가 같은 정방행렬일 때

$$|AB| = |A| \cdot |B|$$

행렬식을 좀 더 쉽게 이해하기 위하여 소행렬식과 여인수의 개념을 도입하기로 한다. 3차 행렬식

$$\begin{vmatrix} a_{11} & a_{12} & a_{13} \\ a_{21} & a_{22} & a_{23} \\ a_{31} & a_{32} & a_{33} \end{vmatrix} = a_{11}a_{22}a_{33} + a_{12}a_{23}a_{31} + a_{13}a_{21}a_{32} - a_{13}a_{22}a_{31} - a_{12}a_{21}a_{33} - a_{11}a_{23}a_{32}$$

의 우변을 2행에 관하여 다시 적어보자.

$$= a_{21}(a_{13}a_{32} - a_{12}a_{33}) + a_{22}(a_{11}a_{33} - a_{13}a_{31}) + a_{23}(a_{12}a_{31} - a_{11}a_{32}) \qquad (4\text{–}6)$$

$$= -a_{21}\begin{vmatrix} a_{12} & a_{13} \\ a_{32} & a_{33} \end{vmatrix} + a_{22}\begin{vmatrix} a_{11} & a_{13} \\ a_{31} & a_{33} \end{vmatrix} - a_{23}\begin{vmatrix} a_{11} & a_{12} \\ a_{31} & a_{32} \end{vmatrix}$$

또는 1열에 관하여 다시 적으면

$$= a_{11}\begin{vmatrix} a_{22} & a_{23} \\ a_{32} & a_{33} \end{vmatrix} - a_{21}\begin{vmatrix} a_{12} & a_{13} \\ a_{32} & a_{33} \end{vmatrix} + a_{31}\begin{vmatrix} a_{12} & a_{13} \\ a_{22} & a_{23} \end{vmatrix} \tag{4-7}$$

와 같이 전개한다. 식 (4-6), (4-7)에 나타난 것 같은 행렬식은 **소행렬식**(minor determinant)이라고 한다. 즉, 원래 행렬식에서 i행과 j열을 제거시킴으로 얻어지는 $(n-1)\times(n-1)$ 행렬식이다. 이것을 $|M_{ij}|$로 나타낸다. 다음으로 이 행렬식 앞의 부호를 보면, $i+j$가 짝수인지, 홀수인지에 따라서 양 또는 음이 되는 것을 볼 수 있다. 따라서 소행렬식에 부호를 붙인 것을 그것의 **여인수**(cofactor)라고 하고, A_{ij}로 표시한다.

$$A_{ij} = (-1)^{i+j} \, |M_{ij}|$$

식 (4-6), (4-7)을 여인수를 사용하여 표현하면

$$|A| = a_{21}A_{21} + a_{22}A_{22} + a_{23}A_{23} = a_{11}A_{11} + a_{21}A_{21} + a_{31}A_{31}$$

위의 식을 행렬 A의 1행(2행)에 관한 행렬식 $|A|$의 여인수 전개라고 한다. 마찬가지로 A의 임의의 행(열)에 관한 여인수 전개를 할 수 있다.

정리 4.3 (행렬식의 전개)

$$|A| = \sum_{j=1}^{n} a_{ij}A_{ij}$$

2.1 R에서 행렬식의 계산

행렬식은 행의 원소와 열의 원소의 개수가 같은 정방행렬에서만 정의되며 R에서는 det 함수를 이용하여 구할 수 있다.

```
> det(matrix(c(1,0,0,1),2,2,byrow=T))
[1] 1
> det(matrix(c(1,0,0,0,1,0,0,0,1),3,3,byrow=T))
[1] 1
>
> det(matrix(c(4,6,6,9),2,2,byrow=T))
[1] -2e-15
> det(matrix(c(3,-1,2,2),2,2,byrow=T))
```

```
[1] 8
>
> det(matrix(c(1,5,6,2,6,8,7,1,8),3,3,byrow=T))
[1] -4.64e-14
> det(matrix(c(1,-2,2,2,0,1,1,1,-2),3,3,byrow=T))
[1] -7
> det(matrix(c(1,-2,2,2,0,1,1,1,-2),3,3,byrow=T))
[1] -7
```

R에서 determinant 함수를 이용한다. 다음의 결과는 로그를 취한 결과를 반환하므로 logarithm 인수를 FALSE로 지정하여 행렬식을 구한 것과 동일하다. 마지막으로 행렬식의 값은 전치행렬의 행렬식의 값과 동일하다는 것을 보여 준다.

```
> A2 <- matrix(c(3,-1,2,2),2,2,byrow=T)
> A2
     [,1] [,2]
[1,]    3   -1
[2,]    2    2
> det(A2)
[1] 8
> z <- determinant(A2)
> z
$modulus
[1] 2.079442
attr(,"logarithm")
[1] TRUE

$sign
[1] 1

attr(,"class")
[1] "det"

> determinant(A2, logarithm=FALSE)
$modulus
[1] 8
attr(,"logarithm")
[1] FALSE

$sign
[1] 1
```

```
attr(,"class")
[1] "det"

> det(t(A2))
[1] 8
```

3 n차 행렬식

3.1 정의

4차 이상의 행렬식으로 앞 절의 여러 정리에 의하여 1, 2차 행렬식으로 볼 수 있으므로, 이것에 의하여 n차 행렬식을 정의할 수 있다. 혹은 n차원 공간의 평행다면체의 체적이라고 생각해도 된다.

3.2 n차 행렬식의 계산

4차 이상의 행렬식에 대해서도 앞 절의 여러 정리들이 성립하므로 2차, 3차 행렬식의 계산과 같다.

[예 4]

$$\begin{vmatrix} 2 & 1 & \vdots & 0 & 3 \\ 4 & 2 & \vdots & 2 & -1 \\ 0 & 3 & \vdots & -2 & 0 \\ -2 & -1 & \vdots & 4 & 1 \end{vmatrix}$$

의 값을 구하라.

해 1행에 2배한 것을 2행에서 빼고, 1행을 4행에 더한다.

주어진 식

$$= \begin{vmatrix} 2 & 1 & 0 & 3 \\ 0 & 0 & 2 & -7 \\ 0 & 3 & -2 & 0 \\ 0 & 0 & 4 & 4 \end{vmatrix}$$

1열에 관하여 전개시키면

$$= 2\begin{vmatrix} 0 & 2 & -7 \\ 3 & -2 & 0 \\ 0 & 4 & 4 \end{vmatrix}$$

이것을 다시 1열에 관하여 전개시키면

$$= 2\times(-3)\begin{vmatrix}2 & -7\\4 & 4\end{vmatrix} = 2\times(-3)\times 4\begin{vmatrix}2 & -7\\1 & 1\end{vmatrix}$$

$$= 2\times(-3)\times 4\times(2+7) = -216$$

[문]

(1) $\begin{vmatrix}0 & 2 & 4 & 1\\1 & 0 & 1 & 2\\3 & -2 & 5 & 0\\2 & 4 & 1 & 6\end{vmatrix}$ (2) $\begin{vmatrix}1 & x & 1 & y\\x & 1 & y & 1\\1 & y & 1 & x\\y & 1 & x & 1\end{vmatrix}$

의 값을 구하라.

[예 5] 다음 행렬식의 값을 소출법을 이용하여 구하라.

$$\begin{vmatrix}1 & 1 & 0 & 2\\2 & 0 & 4 & 1\\3 & -2 & 0 & 5\\2 & 4 & 1 & 6\end{vmatrix}$$

해

$$\begin{pmatrix}1 & 1 & 0 & 2\\2 & 0 & 4 & 1\\3 & -2 & 0 & 5\\2 & 4 & 1 & 6\end{pmatrix} \Rightarrow \begin{pmatrix}1 & 1 & 0 & 2\\0 & -2 & 4 & -3\\0 & -5 & 0 & -1\\0 & 2 & 1 & 2\end{pmatrix} \Rightarrow \begin{pmatrix}1 & 1 & 0 & 2\\0 & -2 & 4 & -3\\0 & 0 & 10 & \frac{13}{2}\\0 & 0 & 5 & -1\end{pmatrix}$$

$$\begin{pmatrix}1 & 1 & 0 & 2\\0 & -2 & 4 & -3\\0 & 0 & 10 & \frac{13}{2}\\0 & 0 & 0 & \frac{9}{4}\end{pmatrix}$$

이렇게 대각선의 하(상)성분 전부가 0인 행렬을 **삼각행렬**(triangular matrix)이라고 한다. 주어진 식

$$= \begin{vmatrix}1 & 1 & 0 & 2\\0 & -2 & 4 & -3\\0 & 0 & -10 & \frac{13}{2}\\0 & 0 & 0 & \frac{9}{4}\end{vmatrix} = 1\times(-2)\times(-10)\times(\frac{9}{4}) = 45$$

3.3 대각전개

모든 행렬은 항상 대각행렬과 어떤 행렬의 합으로 표시할 수 있다. 예를 들면, 다음과 같다.

$$\begin{pmatrix} 6 & 2 & 2 \\ 2 & 3 & 2 \\ 2 & 2 & 8 \end{pmatrix} = \begin{pmatrix} 2 & 2 & 2 \\ 2 & 2 & 2 \\ 2 & 2 & 2 \end{pmatrix} + \begin{pmatrix} 4 & 0 & 0 \\ 0 & 1 & 0 \\ 0 & 0 & 6 \end{pmatrix}$$

그러면 다음과 같은 행렬식을 생각해 보자.

$$|A+D| = \begin{vmatrix} a_{11}+x_1 & a_{12} \\ a_{21} & a_{22}+x_2 \end{vmatrix}$$

이를 대각원소 x_1, x_2의 함수로 나타내면 다음과 같다.

$$x_1x_2 + x_1a_{22} + x_2a_{11} + \begin{vmatrix} a_{11} & a_{12} \\ a_{21} & a_{22} \end{vmatrix}$$

이제 다음의 행렬식을 대각원소들의 함수로 표시해 보자.

$$\begin{vmatrix} a_{11}+x_1 & a_{12} & a_{13} \\ a_{21} & a_{22}+x_2 & a_{23} \\ a_{31} & a_{32} & a_{33}+x_3 \end{vmatrix} = x_1x_2x_3 + x_1x_2a_{33} + x_1x_3a_{22} + x_2x_3a_{11}$$

$$+ x_1\begin{vmatrix} a_{22} & a_{23} \\ a_{32} & a_{33} \end{vmatrix} + x_2\begin{vmatrix} a_{11} & a_{13} \\ a_{31} & a_{33} \end{vmatrix} + x_3\begin{vmatrix} a_{11} & a_{12} \\ a_{21} & a_{22} \end{vmatrix} + \begin{vmatrix} a_{11} & a_{12} & a_{13} \\ a_{21} & a_{22} & a_{23} \\ a_{31} & a_{32} & a_{33} \end{vmatrix}$$

이것은 소행렬식으로 간단히 표시하여 쓸 수 있다. 위의 식과 같은 행렬식의 전개를 **대각전개**(diagonal expansion)라고 한다.

$$x_1x_2x_3 + x_1x_3a_{33} + x_1x_3a_{22} + x_2x_3a_{11} + x_1 \mid a_{22}\,a_{33} \mid$$

$$+ x_2 \mid a_{11}\,a_{33} \mid + x_3 \mid a_{11}\,a_{22} \mid + \mid a_{11}\,a_{22}\,a_{33} \mid$$

이때 대각행렬의 대각원소들이 전부 같으면, 즉 $x_1 = x_2 = x_3 = x$이면 위 식은 다음과 같다.

$$x^3 + x^2(a_{11} + a_{22} + a_{33}) + x(\mid a_{11}\,a_{22} \mid + \mid a_{11}\,a_{33} \mid + \mid a_{22}\,a_{33} \mid) + \mid A \mid$$

이를 $tr_1(A)$를 A의 **고유화**(trace)라고 하고, $tr_2(A)$를 차수 2인 소행렬식의 합이라고 하면 위 식은 다음과 같다.

$$x^3 + x^2 tr_1(A) + x\,tr_2(A) + |A|$$

[예 6]

$$\begin{vmatrix} a+b & a & a & a \\ a & a+b & a & a \\ a & a & a+b & a \\ a & a & a & a+b \end{vmatrix} = b^4 + b^3 tr_1(A) + b tr_3(A) + |A|$$

여기에서 $tr_i(A)$는 $|A|$의 차수 i의 소행렬식들의 합이다.

3.4 라플라스 전개

다음의 행렬식의 전개를 살펴보기로 하자.

$$\begin{vmatrix} a_{11} & a_{12} & a_{13} & a_{14} \\ a_{21} & a_{22} & a_{23} & a_{24} \\ a_{31} & a_{32} & a_{33} & a_{34} \\ a_{41} & a_{42} & a_{43} & a_{44} \end{vmatrix} = (-1)^{1+1+2+2} \begin{vmatrix} a_{11} & a_{12} \\ a_{21} & a_{22} \end{vmatrix} \begin{vmatrix} a_{33} & a_{34} \\ a_{43} & a_{44} \end{vmatrix}$$

$$+ (-1)^{1+1+2+3} \begin{vmatrix} a_{11} & a_{13} \\ a_{21} & a_{23} \end{vmatrix} \begin{vmatrix} a_{32} & a_{34} \\ a_{42} & a_{44} \end{vmatrix} + (-1)^{1+1+2+4} \begin{vmatrix} a_{11} & a_{14} \\ a_{21} & a_{24} \end{vmatrix} \begin{vmatrix} a_{32} & a_{33} \\ a_{42} & a_{43} \end{vmatrix}$$

$$+ (-1)^{1+2+2+3} \begin{vmatrix} a_{12} & a_{13} \\ a_{22} & a_{23} \end{vmatrix} \begin{vmatrix} a_{31} & a_{34} \\ a_{41} & a_{44} \end{vmatrix} + (-1)^{1+2+2+4} \begin{vmatrix} a_{12} & a_{14} \\ a_{22} & a_{24} \end{vmatrix} \begin{vmatrix} a_{31} & a_{33} \\ a_{41} & a_{43} \end{vmatrix}$$

$$+ (-1)^{1+3+2+4} \begin{vmatrix} a_{13} & a_{14} \\ a_{23} & a_{24} \end{vmatrix} \begin{vmatrix} a_{31} & a_{32} \\ a_{41} & a_{42} \end{vmatrix}$$

위에서 알 수 있는 바와 같이, 행렬식을 한 행렬의 역벡터를 선택하여 전개하지 않고, 적당한 둘 이상의 벡터를 선택하여 전개하면, 차수가 높은 행렬식 값을 구하는 데 유용할 수 있다. 이때 부호는 선택된 행렬식의 대각원소의 첨자에 의하여 결정되며, 그에 대응하는 순행렬은 선택된 행렬이 포함되지 않은 부분이 된다. 이러한 전개를 **라플라스 전개**(Laplace expansion)라고 한다.

[예 7]

$$\begin{vmatrix} 1 & 2 & 3 & 0 & 0 \\ -1 & 2 & -1 & 0 & 0 \\ 1 & 0 & 1 & 4 & 5 \\ 1 & 0 & 4 & 2 & 3 \\ 0 & 2 & 1 & 2 & 3 \end{vmatrix}$$

$$= (-1)^{1+1+2+2}\begin{vmatrix} 1 & 2 \\ -1 & 2 \end{vmatrix}\begin{vmatrix} 1 & 4 & 5 \\ 4 & 2 & 3 \\ 1 & 2 & 3 \end{vmatrix} + (-1)^{1+1+2+3}\begin{vmatrix} 1 & 3 \\ -1 & -1 \end{vmatrix}\begin{vmatrix} 0 & 4 & 5 \\ 0 & 2 & 3 \\ 2 & 2 & 3 \end{vmatrix}$$

$$+ (-1)^{1+2+2+3}\begin{vmatrix} 2 & 3 \\ 2 & -1 \end{vmatrix}\begin{vmatrix} 2 & 4 & 5 \\ 1 & 2 & 3 \\ 0 & 2 & 3 \end{vmatrix} = 16$$

3.5 기타 유용한 정리

정리 4.4

차수가 n으로 서로 같으면 정방행렬 P, Q, X에 대하여 다음이 성립한다.

$$\begin{vmatrix} P & O \\ X & Q \end{vmatrix} = |P| \cdot |Q|$$

정리 4.5

같은 차수 n의 정방행렬인 R과 S에 대하여 다음이 성립한다.

$$\begin{vmatrix} O & R \\ -I & S \end{vmatrix} = |R|$$

4 역행렬

4.1 역행렬을 구하는 방법

이 절에서는 정리 4.3(행렬식의 전개)을 이용하여 정칙행렬 A의 역행렬을 계산하는 방법을 설명하려고 한다. 이것은 다음의 보조정리를 이용하면 된다.

보조정리 4.2

행렬 A가 $n\times n$행렬일 때, $k=1,\cdots,n$에 대하여 a_{jk}의 여인수를 A_{jk}라고 하면

$$a_{i1}A_{j1}+a_{i2}A_{j2}+\cdots+a_{in}A_{jn}=\begin{cases}|A| & (i=j\text{일 때})\\ 0 & (i\neq j\text{일 때})\end{cases} \tag{4-8}$$

증명 $i=j$일 때, 식 (4-8)은 바로 A의 i행에 관한 $|A|$의 여인수 전개이다. 따라서 $i\neq j$인 경우만 증명한다.

A^*를 A의 j행에 i행을 대신 넣어서 얻어진 행렬이라고 하자. A^*의 두 행이 같기 때문에 (정리 4.1의 (4)) 그 행렬식은 0이다. j행에 관한 A^*를 여인수 정리하면 보조정리가 얻어진다.

$$A^*=\begin{pmatrix} a_{11} & a_{12} & \cdots\cdots & a_{1n}\\ \vdots & & & \\ a_{i1} & a_{i2} & \cdots\cdots & a_{in}\\ \vdots & \vdots & & \\ a_{j1} & a_{j2} & \cdots\cdots & a_{jn}\\ \vdots & & & \\ \vdots & & & \\ a_{n1} & a_{n2} & \cdots\cdots & a_{nn}\end{pmatrix} \leftarrow j\text{ 행}$$

$$0=|A^*|=a_{i1}A^*_{j1}+a_{i2}A^*_{j2}+\cdots\cdots+a_{\in}A^*_{jn}=a_{i1}A_{j1}+a_{i2}A_{j2}+\cdots\cdots+a_{in}A_{jn}$$

A를 $n\times n$행렬이라고 할 때, A의 수반행렬을 $adj(A)$라고 표시하고, 다음과 같이 정의한다.

$$adj(A)=\begin{pmatrix} A_{11} & A_{21} & \cdots & A_{n1}\\ A_{12} & A_{22} & \cdots & A_{n2}\\ \vdots & \vdots & & \vdots\\ A_{1n} & A_{2n} & \cdots & A_{nn}\end{pmatrix}$$

따라서 수반행렬 $adj(A)$란, A의 각 성분 대신 그 성분의 여인수를 성분으로 하는 행렬의 전치행렬을 뜻한다. 식 (4-8)에 의하여 다음이 성립한다.

$$\begin{pmatrix} a_{11} & a_{12} & \cdots & a_{1n}\\ a_{21} & a_{22} & \cdots & a_{2n}\\ \cdots & \cdots & \cdots & \cdots\\ a_{n1} & a_{n2} & \cdots & a_{nn}\end{pmatrix}\begin{pmatrix} A_{11} & A_{21} & \cdots & A_{n1}\\ A_{12} & A_{22} & \cdots & A_{n2}\\ \vdots & \vdots & & \vdots\\ A_{1n} & A_{2n} & \cdots & A_{nn}\end{pmatrix}=\begin{pmatrix} |A| & 0 & \cdots & 0\\ 0 & |A| & \cdots & 0\\ \vdots & \vdots & & \vdots\\ 0 & 0 & \cdots & |A|\end{pmatrix}$$

즉

$$A\ (adj(A)) = |A| \cdot I$$

A가 정칙행렬이면 $|A|$는 0이 아닌 실수이므로 다음과 같이 쓸 수 있다.

$$A\left(\frac{1}{|A|}adj(A)\right) = I$$

따라서

$$A^{-1} = \frac{1}{|A|}\begin{pmatrix} A_{11} & A_{21} & \cdots & A_{n1} \\ A_{12} & A_{22} & \cdots & A_{n2} \\ \vdots & \vdots & & \vdots \\ A_{1n} & A_{2n} & \cdots & A_{nn} \end{pmatrix}$$

$$= \frac{1}{|A|}adj(A)$$

[예 8]

$$A = \begin{pmatrix} 2 & 0 & 4 \\ 1 & 2 & -2 \\ -1 & 1 & 0 \end{pmatrix}$$

일 때, $adj(A)$와 A^{-1}을 구하라.

해 $|A| = 16, A_{11} = 2, A_{12} = 2, A_{13} = 3, A_{21} = 4, A_{22} = 4, A_{23} =-2,$

$A_{31} =-8, A_{32} = 8, A_{33} = 4,$

$$adj(A) = \begin{pmatrix} 2 & 4 & -8 \\ 2 & 4 & 8 \\ 3 & -2 & 4 \end{pmatrix}$$

$$A^{-1} = \frac{1}{|A|}adj(A) = \frac{1}{16}\begin{pmatrix} 2 & 4 & -8 \\ 2 & 4 & 8 \\ 3 & -2 & 4 \end{pmatrix} = \begin{pmatrix} \frac{1}{8} & \frac{1}{4} & -\frac{1}{2} \\ \frac{1}{8} & \frac{1}{4} & \frac{1}{2} \\ \frac{3}{16} & -\frac{1}{8} & \frac{1}{4} \end{pmatrix}$$

4.2 역행렬이 존재하는 조건과 성질

$A'A = I$를 만족하는 A의 역행렬 A^{-1}가 존재하기 위해서는 다음 두 가지 조건을 만족해야 한다.

i) A가 정방행렬이어야 한다.

ii) $|A| \neq 0$이어야 한다.

$|A| = 0$일 때, 그 정방행렬을 **비정칙행렬**(singular matrix)이라고 하고

$|A| \neq 0$일 때, 그 정방행렬을 **정칙행렬**(nonsigular matrix)이라고 한다.

정리 4.6 A가 정방행렬이고 정칙행렬이면, A의 역행렬 A^{-1}는 다음의 성질을 만족한다.

(1) $A^{-1}A = AA^{-1} = I$이다.

(2) A^{-1}는 유일하다.

(3) $|A^{-1}| = \dfrac{1}{|A|}$이다.

(4) A^{-1}는 역시 정칙행렬이다.

(5) A^{-1}의 역행렬은 A이다. 즉, $(A^{-1})^{-1} = A$이다.

(6) A의 전치행렬의 역행렬은 A^{-1}의 전치이다. 즉, $(A')^{-1} = (A^{-1})'$ 이다.

(7) A가 대칭행렬이면 A^{-1} 역시 대칭행렬이다. 즉, $A = A'$이면 $A^{-1} = (A^{-1})'$ 이다.

(8) A와 B의 역행렬이 존재한다면, $(AB)^{-1} = B^{-1}A^{-1}$ 이다.

증명

(1) $A^{-1}A = I$는 A^{-1}의 정의식이다. 결국, $AA^{-1} = I$임을 보이면 된다. $AP = I$를 만족한 P로 가정할 때, $AP = I$ 양변 앞에 A^{-1}를 곱하면 $A^{-1}AP = A^{-1}$이고, 결국 $P = A^{-1}$이다. 따라서 $AA^{-1} = I$이다.

(2) A^{-1}가 유일하지 않다고 가정하자. 즉, $SA = I$를 만족하는 역행렬 S가 존재한다고 하고, $SA = I$의 양변 뒤에 A^{-1}를 곱하면 $SAA^{-1} = A^{-1}$이고, 결국 $S = A^{-1}$가 된다.

(3) $|A||A^{-1}| = |AA^{-1}| = |I| = 1$이므로 $|A^{-1}| = \dfrac{1}{|A|}$가 된다.

(4) $|A| \neq 0$이므로 성질 (3)으로부터 $|A^{-1}| \neq 0$임을 알 수 있다.

(5) $A^{-1}A = I, (A^{-1})^{-1}A^{-1}A = (A^{-1})^{-1}I$이므로 $A = (A^{-1})^{-1}$가 된다.

(6) $A^{-1}A = I, A'(A^{-1})' = I' = I$, $(A')^{-1}A'(A^{-1})' = (A')^{-1}$이므로 $(A^{-1})' = (A')^{-1}$가 된다.

(7) 성질 (6)으로부터 $B^{-1}A^{-1}AB = I$를 생각하여 양변 앞에 $(AB)^{-1}$를 곱하면 $(A')^{-1} = (A^{-1})'$이고, $A = A'$이므로, $A^{-1} = (A^{-1})'$이다.

(8) $B^{-1}A^{-1}AB = (AB)^{-1}I = (AB)^{-1}$, $B^{-1}A^{-1}(AB)^{-1}AB = (AB)^{-1}$이므로 $B^{-1}A^{-1} = (AB)^{-1}$가 된다.

4.3 I와 J로 이루어진 행렬의 역행렬

우선 간단한 경우로서

$$A = \begin{pmatrix} a+b & b \\ b & a+b \end{pmatrix} = a\begin{pmatrix} 1 & 0 \\ 0 & 1 \end{pmatrix} + b\begin{pmatrix} 1 & 1 \\ 1 & 1 \end{pmatrix} = aI_2 + bJ_2$$

의 역행렬을 생각해 보자. 이때 A^{-1}는 다음과 같다.

$$\begin{aligned} A^{-1} &= \frac{1}{a^2+2ab}\begin{pmatrix} a+b & -b \\ -b & a+b \end{pmatrix} \\ &= \frac{1}{a}\left[\frac{1}{a+2b}[aI_2 + (2bI_2 - bJ_2)]\right] \\ &= \frac{1}{a}\left[\frac{1}{a+2b}[(a+2b)I_2 - bJ_2]\right] \\ &= \frac{1}{a}\left[I_2 - \frac{b}{a+2b}J_2\right]. \end{aligned}$$

일반적으로 차수가 n인 경우에는 다음과 같이 나타낼 수 있다.

$$(aI_n + bJ_n)^{-1} = \frac{1}{a}\left[I_n - \frac{b}{a+nb}J_n\right]$$

[예 9] 실험계획 분석 등에서 흔히 나타나는 구조행렬의 한 예를 살펴보자.

$$\begin{pmatrix} 4 & 2 & 2 \\ 2 & 4 & 2 \\ 2 & 2 & 4 \end{pmatrix}$$

이 경우에 대각원소는 어떤 처리의 반복수를, 비대각원소는 어떤 두 처리가 같은 블럭에서 만나는 횟수를 나타낸다. 이 경우는 반복수가 4이고 두 처리가 만나는 횟수가 전부 2인 균형된 실험계획 (B I B 계획)의 경우이다. 이때, 이러한 구조행렬의 역행렬을 구해 보자.

$$\begin{pmatrix} 4 & 2 & 2 \\ 2 & 4 & 2 \\ 2 & 2 & 4 \end{pmatrix} = 2\begin{pmatrix} 1 & 0 & 0 \\ 0 & 1 & 0 \\ 0 & 0 & 1 \end{pmatrix} + 2\begin{pmatrix} 1 & 1 & 1 \\ 1 & 1 & 1 \\ 1 & 1 & 1 \end{pmatrix}$$

$$= 2I_3 + 2J_3$$

이므로

$$\begin{pmatrix} 4 & 2 & 2 \\ 2 & 4 & 2 \\ 2 & 2 & 4 \end{pmatrix} = \frac{1}{2}[I_3 \frac{-2}{2+3*2} J_3]$$

$$= \frac{1}{2}\left(\begin{pmatrix} 1 & 0 & 0 \\ 0 & 1 & 0 \\ 0 & 0 & 1 \end{pmatrix} - \frac{2}{8}\begin{pmatrix} 1 & 1 & 1 \\ 1 & 1 & 1 \\ 1 & 1 & 1 \end{pmatrix}\right)$$

$$= \begin{pmatrix} \frac{3}{8} & -\frac{1}{8} & -\frac{1}{8} \\ -\frac{1}{8} & \frac{3}{8} & -\frac{1}{8} \\ -\frac{1}{8} & -\frac{1}{8} & \frac{3}{8} \end{pmatrix}$$

5 크래머의 법칙

정칙인 계수행렬을 갖는 n차 연립방정식

$$A\vec{x} = \vec{b} \quad (\vec{b} \neq 0)$$

의 해를 구하기 위해 A^{-1}을 양변에 곱해 주면

$$\vec{x} = A^{-1}\vec{b}$$

이다. 여기에 식 (4-9)에서 구한 A^{-1}을 대입하면

$$\vec{x} = A^{-1}\vec{b} = \frac{1}{|A|}\begin{pmatrix} A_{11} & A_{21} & \vdots & A_{n1} \\ A_{12} & A_{22} & \vdots & A_{n2} \\ \vdots & \vdots & \vdots & \vdots \\ A_{1n} & A_{2n} & \vdots & A_{nn} \end{pmatrix}\begin{pmatrix} b_1 \\ b_2 \\ \vdots \\ b_n \end{pmatrix}$$

$$\therefore x_i = \frac{\sum_{k=1}^{n} b_{kA_{ki}}}{|A|} = \frac{\begin{vmatrix} a_{11} & \cdots\cdots & b_1 & \cdots\cdots & a_{1n} \\ \vdots & & \vdots & & \vdots \\ a_{n1} & & b_n & & a_{nn} \end{vmatrix}}{|A|}$$

이것을 **크래머의 법칙**(Cramer's rule)이라고 한다.

[예 10]　다음 연립방정식을 크래머의 법칙을 사용하여 풀어라.

$$\begin{aligned} 2x \quad\quad + 4z &= -1 \\ x + 2y - 2z &= 1 \\ -x + y \quad\quad &= 1 \end{aligned}$$

해　$\begin{vmatrix} 2 & 0 & 4 \\ 1 & 2 & -2 \\ -1 & 1 & 0 \end{vmatrix} = 16$

$\begin{vmatrix} -1 & 0 & 4 \\ 1 & 2 & -2 \\ 1 & 1 & 0 \end{vmatrix} = -6, \quad \begin{vmatrix} 2 & -1 & 4 \\ 1 & 1 & -2 \\ -1 & 1 & 0 \end{vmatrix} = 10, \quad \begin{vmatrix} 2 & 0 & -1 \\ 1 & 2 & 1 \\ -1 & 1 & 1 \end{vmatrix} = 1$

$$\therefore x = -\frac{3}{8}, \quad y = \frac{5}{8}, \quad z = -\frac{1}{16}$$

크래머의 법칙은 n차 연립방정식의 해를 행렬식의 항으로 표현하는 것이 편리하다. 그러나 해를 계산하기 위해서는 n차 행렬식을 $n+1$번 계산한다.

5.1 R을 이용한 역행렬 계산

역행렬은 solve 함수을 이용하여 구하는 경우 다음과 같이 system is exactly singular 에러가 발생하였다. 왜냐하면 역행렬은 행렬식이 0이 아닌 **정칙**(nonsingular) 행렬인 정방행렬만 가질 수 있기 때문이다. 다음 예에서는 행렬식의 값이 0임을 알 수 있다.

```
> AA <- matrix(1:9, ncol=3)
> AA
     [,1] [,2] [,3]
[1,]    1    4    7
[2,]    2    5    8
[3,]    3    6    9
> solve(AA)
Error in solve.default(AA) :
  Lapack routine dgesv: system is exactly singular: U[3,3] = 0
> det(AA)
[1] 0
```

한편, 다음 예는 컴퓨터의 연산과정에서 **반올림 오차**(rounding error)가 생김으로 이를 보정하기 위해 options 함수를 사용하여 자릿수를 지정하거나, round 함수를 사용한다.

```
>
> E<-matrix(c(1.3,9.1,1.2,8.4),2,2, byrow=T)
> E; solve(E)
     [,1] [,2]
[1,]  1.3  9.1
[2,]  1.2  8.4
Error in solve.default(E) :
  system is computationally singular: reciprocal condition number =
1.59842e-17
> det(E)
[1] 2.909131e-15
```

다음 행렬들은 정칙행렬이므로 역행렬을 구할 수 있다. 그런데 역행렬이 제대로 구해졌는지 검증하기 위해 행렬과 그의 역행렬을 곱해 본 결과 단위행렬로 반환되지 않았다. 따라서 수치 계산시 발생하는 반올림 오차를 보정하기 위해 위에서처럼 함수를 사용한다.

```
> F<-matrix(c(1.2,9.1,1.3,8.4),2,2,byrow=T)
> F; solve(F)
     [,1] [,2]
[1,]  1.2  9.1
[2,]  1.3  8.4
       [,1]   [,2]
[1,] -4.800  5.200
[2,]  0.743 -0.686
> F%*%solve(F)
         [,1]     [,2]
[1,] 1.00e+00 1.01e-15
[2,] 8.63e-17 1.00e+00


> U<-matrix(c(1,2,9,2,1,3,9,3,0),3,3,byrow=T)
> U; solve(U)
     [,1] [,2] [,3]
[1,]    1    2    9
[2,]    2    1    3
[3,]    9    3    0
       [,1]   [,2]   [,3]
[1,] -0.500  1.500 -0.167
```

```
[2,]  1.500 -4.500  0.833
[3,] -0.167  0.833 -0.167
> U%*%solve(U)
          [,1]      [,2]      [,3]
[1,]  1.00e+00 3.33e-16 8.33e-17
[2,] -5.55e-17 1.00e+00 2.78e-17
[3,]  0.00e+00 0.00e+00 1.00e+00
>
> V<-matrix(c(6,2,6,5,1,6,1,7,8),3,3,byrow=T)
> V; solve(V)
     [,1] [,2] [,3]
[1,]    6    2    6
[2,]    5    1    6
[3,]    1    7    8
     [,1]   [,2]    [,3]
[1,]  0.5 -0.382 -0.0882
[2,]  0.5 -0.618  0.0882
[3,] -0.5  0.588  0.0588

> V<-matrix(c(6,2,8,5,1,6,1,7,8),3,3,byrow=T)
> V; solve(V)
     [,1] [,2] [,3]
[1,]    6    2    8
[2,]    5    1    6
[3,]    1    7    8
Error in solve.default(V) :
  system is computationally singular: reciprocal condition number =
7.17709e-18
> V%*%solve(V)
Error in solve.default(V) :
  system is computationally singular: reciprocal condition number =
7.17709e-18
```

다음 행렬들은 정칙행렬이므로 역행렬을 구할 수 있다. 그리고 행렬과 역행렬을 곱하여 단위행렬로 반환되는 것을 볼 수 있다.

```
> A <- matrix(c(2,3,3,4), 2, 2, byrow=T)
> A; solve(A)
     [,1] [,2]
[1,]    2    3
[2,]    3    4
     [,1] [,2]
```

```
[1,]   -4    3
[2,]    3   -2
> A%*%solve(A)
     [,1] [,2]
[1,]    1    0
[2,]    0    1
>
> B <- matrix(c(3,4,2,3), 2, 2, byrow=T)
> B; solve(B)
     [,1] [,2]
[1,]    3    4
[2,]    2    3
     [,1] [,2]
[1,]    3   -4
[2,]   -2    3
> B%*%solve(B)
     [,1] [,2]
[1,]    1    0
[2,]    0    1
>

> C <- matrix(c(1,0,0,0,2,3,0,3,4),3,3, byrow=T)
> C; solve(C)
     [,1] [,2] [,3]
[1,]    1    0    0
[2,]    0    2    3
[3,]    0    3    4
     [,1] [,2] [,3]
[1,]    1    0    0
[2,]    0   -4    3
[3,]    0    3   -2
> C%*%solve(C)
     [,1] [,2] [,3]
[1,]    1    0    0
[2,]    0    1    0
[3,]    0    0    1
>
>
> D <- matrix(c(3,0,4,0,1,0,2,0,3),3,3, byrow=T)
> D; solve(D)
     [,1] [,2] [,3]
[1,]    3    0    4
[2,]    0    1    0
[3,]    2    0    3
```

```
     [,1] [,2] [,3]
[1,]    3    0   -4
[2,]    0    1    0
[3,]   -2    0    3
> D%*%solve(D)
     [,1] [,2] [,3]
[1,]    1    0    0
[2,]    0    1    0
[3,]    0    0    1
>
```

6 연립일차방정식과 일반해

6.1 연립일차방정식의 해의 종류

1. 유일해(unique solution)를 갖는 경우

연립방정식

$$\begin{cases} x + y = 7 \\ 2x + y = 10 \end{cases}$$

을 생각해 보면

$$\begin{pmatrix} 1 & 1 \\ 2 & 1 \end{pmatrix}\begin{pmatrix} x \\ y \end{pmatrix} = \begin{pmatrix} 7 \\ 10 \end{pmatrix}$$

이고

$$\begin{pmatrix} x \\ y \end{pmatrix} = \begin{pmatrix} 1 & 1 \\ 2 & 1 \end{pmatrix}\begin{pmatrix} 7 \\ 10 \end{pmatrix} = \begin{pmatrix} 3 \\ 4 \end{pmatrix}$$

로서 유일한 해를 갖는다. 따라서 $A\vec{x} = \vec{b}$라는 연립일차방정식에서 A의 역행렬이 존재하기 위한 필요충분조건은 A가 정방행렬이고, A의 **차수와 계수가** 같은(full rank) 경우이다.

2. 수많은 해를 갖는 경우

연립방정식

$$2x_1 + 3x_2 + x_3 = 14 \quad \cdots ①$$

$$x_1 + \ \ x_2 + x_3 = 6 \quad \cdots ②$$

$$3x_1 + 5x_2 + x_3 = 22 \quad \cdots ③$$

를 생각해 보면, ③은 ①×2－②의 결과와 동일하여 미지수 x_1, x_2, x_3를 구하는 데 필요한 방정식의 개수가 2개인 경우에 해당된다. 즉, $A\vec{x} = \vec{b}$에서 A의 계수가 차수보다 작아 A의 유일한 역행렬이 존재하지 않기 때문이다. 해 $\vec{x}$를 구해 보자.

$$\begin{pmatrix} 2 & 3 & 1 \\ 1 & 1 & 1 \\ 3 & 5 & 1 \end{pmatrix}\begin{pmatrix} x_1 \\ x_2 \\ x_3 \end{pmatrix} = \begin{pmatrix} 14 \\ 6 \\ 22 \end{pmatrix}$$

위 식을 분할행렬로 표시하면

$$\begin{pmatrix} A^* \\ cA^* \end{pmatrix}\vec{u} = \begin{pmatrix} \vec{b_1} \\ c\vec{b_1} \end{pmatrix}$$

단, $A^* = \begin{pmatrix} 2 & 3 & 1 \\ 1 & 1 & 1 \end{pmatrix}$, $\vec{u} = \begin{pmatrix} x_1 \\ x_2 \\ x_3 \end{pmatrix}$, $\vec{b_1} = \begin{pmatrix} 14 \\ 6 \end{pmatrix}$

와 같이 쓸 수 있다. 여기에서 $A^*\vec{u} = \vec{b_1}$을 다시

$$\begin{pmatrix} 2 & 3 & 1 \\ 1 & 1 & 1 \end{pmatrix}\begin{pmatrix} x_1 \\ x_2 \\ x_3 \end{pmatrix} = \begin{pmatrix} 14 \\ 16 \end{pmatrix} = \vec{b_1}$$

로 분할하여 분할행렬식으로 다시 쓰면

$$(A_1 A_2)\begin{pmatrix} u_1 \\ x_3 \end{pmatrix} = \begin{pmatrix} 14 \\ 16 \end{pmatrix} = \vec{b_1}$$

단, $A_1 = \begin{pmatrix} 2 & 3 \\ 1 & 1 \end{pmatrix}$, $A_2 = \begin{pmatrix} 1 \\ 1 \end{pmatrix}$, $\vec{u_1} = \begin{pmatrix} x_1 \\ x_2 \end{pmatrix}$

따라서

$$A_1\vec{u_1} + A_2 x_3 = \vec{b_1}$$

이다. 행렬 A_1은 정칙행렬(nonsingular matrix)이므로 A_1^{-1}가 존재하여

$$\vec{u_1} = A_1^{-1}\vec{b_1} - A_1^{-1}A_2 x_3$$

이다. 여기서

$$\overrightarrow{u_1} = \begin{pmatrix} x_1 \\ x_2 \end{pmatrix} = \begin{pmatrix} 2 & 3 \\ 1 & 1 \end{pmatrix}\begin{pmatrix} 14 \\ 6 \end{pmatrix} - \begin{pmatrix} 2 & 3 \\ 1 & 1 \end{pmatrix}\begin{pmatrix} 1 \\ 1 \end{pmatrix} x_3$$

$$\overrightarrow{u_1} = \begin{pmatrix} x_1 \\ x_2 \end{pmatrix} = \begin{pmatrix} 4-2x_3 \\ 2+x_3 \end{pmatrix}$$

결국 $A\vec{x} = \vec{b}$에서 $\vec{x}$의 해는

$$\vec{x} = \begin{pmatrix} x_1 \\ x_2 \\ x_3 \end{pmatrix} = \begin{pmatrix} 4-2x_3 \\ 2+x_3 \\ x_3 \end{pmatrix}, \quad x_3\text{은 임의의 실수}$$

이다. 그러므로 해는 x_3값에 따라 수많은 해를 가질 수 있는 경우이다.

3. 해의 존재 여부 판정법

연립방정식

$$\begin{aligned} 2x_1 + 3x_2 + x_3 &= 14 \quad \cdots \text{①} \\ x_1 + \ x_2 + x_3 &= \ 6 \quad \cdots \text{②} \\ 3x_1 + 5x_2 + x_3 &= 19 \quad \cdots \text{③} \end{aligned}$$

①×2－②의 결과를 보면 $3x_1 + 5x_2 + x_3 = 22$가 되어 ③식과 모순(상충)된다. 이러한 경우는 연립방정식 자체가 모순되어 해를 구할 수 없다. 이때 $A\vec{x} = \vec{b}$의 형태로 써 보면

$$\begin{pmatrix} 2 & 3 & 1 \\ 1 & 1 & 1 \\ 3 & 5 & 1 \end{pmatrix}\begin{pmatrix} x_1 \\ x_2 \\ x_3 \end{pmatrix} = \begin{pmatrix} 14 \\ 6 \\ 19 \end{pmatrix}$$

이다. 행렬 A의 계수와 확대계수행렬 $(A, \ \vec{b})$의 계수를 살펴보자.

$$A = \begin{pmatrix} 2 & 3 & 1 \\ 1 & 1 & 1 \\ 3 & 5 & 1 \end{pmatrix} \simeq \begin{pmatrix} 0 & 0 & 0 \\ 1 & 0 & 0 \\ 0 & 2 & 0 \end{pmatrix}, \quad R(A) = 2$$

$$R(A\ \vec{b}) = \begin{pmatrix} 2 & 3 & 1 & 14 \\ 1 & 1 & 1 & 6 \\ 3 & 5 & 1 & 19 \end{pmatrix} = \begin{pmatrix} 0 & 2 & 0 & 0 \\ 0 & 0 & 1 & 0 \\ 0 & 0 & 0 & -3 \end{pmatrix}, \quad R(A\ \vec{b}) = 3$$

$$\therefore R(A) \neq R(A\vec{b})$$

일반적으로, 연립방정식 $A\vec{x}=\vec{b}$ 에서

- $R(A)=R(A\vec{b})$일 때, 해가 존재하고(consistent)
- $R(A)\neq R(Ab)$이면, 해가 존재하지 않는다(non consistent).

6.2 일반화역행렬

1. 유일한 일반화역행렬(generalized inverse matrix)의 정의

어떤 행렬 A에 대하여

$$i)\ AKA=A \qquad ii)\ KAK=K$$
$$iii)\ (KA)'=KA \qquad iv)\ (AK)'=AK$$

를 만족하는 유일한 행렬 K가 존재할 때, 이 행렬 K를 A의 **무어-펜로즈**(Moore-Penrose) **역행렬**이라고 하고, $i)$, $ii)$, $iii)$, $iv)$를 만족하는 일반화역행렬 K는 항상 존재하고 유일하다. 이러한 사실은 무어(Moore, 1920)에 의해 제기되고, 펜로즈(Penrose, 1955)에 의해 증명되었다. 그러면 이러한 행렬 K를 어떻게 구할 것인가? 가장 쉽고 일반적인 방법으로 행렬의 최대계수 인자분해를 이용하는 방법이 있다. 행렬 A를 $A_{pq}=K_{pr}L_{rq}$로 표현하였을 때 무어-펜로즈의 역행렬 K는 다음과 같다.

$$K=L'_{rq}(K'_{pr}A_{pq}L'_{rq})^{-1}K'_{pr}$$

R에서 무어-펜로즈의 역행렬 K를 구해 보자.

❶ 최대계수를 갖지 않는 비정방행렬의 경우

```
> library(MASS)
> options(digits=2)
> A <-matrix(c(3,2,1,4,2,0,5,2,-1,-1,0,1),4,3,byrow=T)
> A
     [,1] [,2] [,3]
[1,]    3    2    1
[2,]    4    2    0
[3,]    5    2   -1
[4,]   -1    0    1
>
> K<-ginv(A)
> K
```

```
        [,1]  [,2]   [,3]   [,4]
[1,] 7.5e-18 0.056  0.111 -0.056
[2,] 1.7e-01 0.056 -0.056  0.111
[3,] 3.3e-01 0.056 -0.222  0.278
>
```

먼저 무어-펜로즈의 조건 (i) $AKA = A$은

```
> A%*%K%*%A
     [,1]    [,2]     [,3]
[1,]    3 2.0e+00  1.0e+00
[2,]    4 2.0e+00  2.8e-16
[3,]    5 2.0e+00 -1.0e+00
[4,]   -1 1.1e-16  1.0e+00
>
```

(ii) $KAK = K$은

```
> K%*%A%*%K
         [,1]  [,2]   [,3]   [,4]
[1,] -1.5e-18 0.056  0.111 -0.056
[2,]  1.7e-01 0.056 -0.056  0.111
[3,]  3.3e-01 0.056 -0.222  0.278
>
```

(iii) $(AK)' = AK$, 즉 AK의 대칭은

```
> K%*%A
      [,1] [,2]  [,3]
[1,]  0.83 0.33 -0.17
[2,]  0.33 0.33  0.33
[3,] -0.17 0.33  0.83
>
```

(iv) $(KA)' = KA$, 즉 KA의 대칭은

```
> A%*%K
        [,1]    [,2]     [,3]    [,4]
[1,] 6.7e-01 3.3e-01 -1.9e-16 3.3e-01
[2,] 3.3e-01 3.3e-01  3.3e-01 1.1e-16
```

```
[3,] -5.6e-17 3.3e-01  6.7e-01 -3.3e-01
[4,]  3.3e-01 6.2e-17 -3.3e-01  3.3e-01
>
```

조건을 만족한다.

❷ 최대행계수 비정방행렬

```
> B<-matrix(c(1,2,3,4,5,6),2,3)
> B
     [,1] [,2] [,3]
[1,]    1    3    5
[2,]    2    4    6
>
> K<-ginv(B)
> K
      [,1]  [,2]
[1,] -1.33  1.08
[2,] -0.33  0.33
[3,]  0.67 -0.42
>
> K%*%B
      [,1] [,2]  [,3]
[1,]  0.83 0.33 -0.17
[2,]  0.33 0.33  0.33
[3,] -0.17 0.33  0.83
>
> B%*%K
        [,1]     [,2]
[1,] 1.0e+00 -2.2e-16
[2,] 6.7e-16  1.0e+00
>
```

은 $B^+B \neq I_3$이나 $BB^+ = I_2$이다.

❸ 최대열계수 비정방행렬

```
> C<-matrix(c(1,2,3,5,1,5,6,4,5,3,1,4),4,3)
> C
     [,1] [,2] [,3]
[1,]    1    1    5
[2,]    2    5    3
```

```
[3,]    3    6    1
[4,]    5    4    4
>
> K<-ginv(C)
> K
        [,1]   [,2]   [,3]   [,4]
[1,] -0.1336 -0.198 -0.028  0.323
[2,] -0.0072  0.154  0.133 -0.140
[3,]  0.1930  0.064 -0.071 -0.022
>
> K%*%C
         [,1]    [,2]    [,3]
[1,]  1.0e+00 4.4e-16 4.4e-16
[2,] -1.9e-16 1.0e+00 2.2e-16
[3,] -2.2e-16 1.1e-16 1.0e+00
>
> C%*%K
       [,1]  [,2]  [,3]   [,4]
[1,]  0.824  0.28 -0.25  0.075
[2,]  0.276  0.57  0.39 -0.118
[3,] -0.251  0.39  0.64  0.108
[4,]  0.075 -0.12  0.11  0.968
>
```

은 $C^+C = I_3$이나 $CC^+ \neq I_4$이다.

❹ 열벡터

```
> D<-matrix(c(1,3,7))
> D
     [,1]
[1,]    1
[2,]    3
[3,]    7
>
> K<-ginv(D)
> K
      [,1]  [,2] [,3]
[1,] 0.017 0.051 0.12
>
> D%*%K
      [,1]  [,2] [,3]
[1,] 0.017 0.051 0.12
```

```
[2,] 0.051 0.153 0.36
[3,] 0.119 0.356 0.83
>
> K%*%D
     [,1]
[1,]    1
>
> sum(diag(D%*%t(D)))*K
     [,1] [,2] [,3]
[1,]    1    3    7
>
```

은 $tr(DD')D^{+}=D'$이다. 즉 $D^{+}=[tr(DD')]^{-1}D'$이다.

2. 일반화역행렬

무어-펜로즈의 역행렬은 유일하지만 i)조건을 만족하는 행렬 K는 여러 개 존재할 수 있다. 우리는 i)조건, 즉 $AKA=A$를 만족하는 K를 **일반화역행렬**(보통 G-inverse라고 함)이라고 한다. 무어-펜로즈의 경우와 구별하여 G라고 표시하기로 한다. 따라서 행렬 A에 대한 일반화역행렬의 정의는 다음과 같다.

정리 4.7 $p\times q$인 행렬 A에 대하여

$$AGA=A$$

를 만족하는 $p\times q$인 행렬 G를 행렬 A의 일반화역행렬이라고 한다. 그러나 G는 유일하지 않으며, 만일 A가 정칙행렬이면 $G=A^{-1}$이다.

3. 일반화역행렬의 계산

행렬 A를 기본행렬을 사용하여 **대각형**(diagonal form)으로의 변환을 생각해 보면

$$PAQ=D=\begin{pmatrix} D_r & 0 \\ 0 & 0 \end{pmatrix}$$

이다. 이때

$$D^{-}=\begin{pmatrix} D_r^{-1} & 0 \\ 0 & 0 \end{pmatrix}$$

이라고 하고, $G = QD^{-}P$라고 하면, $A = P^{-1}DQ^{-1}$이므로

$$\begin{aligned} AGA &= (P^{-1}DQ^{-1})(QD^{-}P)(P^{-1}DQ^{-1}) \\ &= P^{-1}DD^{-}DQ^{-1} = P^{-1}DQ^{-1} = A \end{aligned}$$

임을 알 수 있다.

따라서 $G = QD^{-}P$는 A의 일반화역행렬임을 쉽게 알 수 있다.

[예 11]

$$A = \begin{pmatrix} 2 & 3 & 1 \\ 1 & 1 & 1 \\ 3 & 5 & 1 \end{pmatrix}$$

$$P = \begin{pmatrix} 1 & 0 & 0 \\ -\dfrac{1}{2} & 1 & 0 \\ -2 & 1 & 1 \end{pmatrix}, \qquad Q = \begin{pmatrix} 1 & -\dfrac{3}{2} & -2 \\ 0 & 1 & 1 \\ 0 & 0 & 1 \end{pmatrix}$$

따라서

$$A = PAQ = D = \begin{pmatrix} 2 & 0 & 0 \\ 0 & -\dfrac{1}{2} & 0 \\ 0 & 0 & 0 \end{pmatrix} = \begin{pmatrix} D_2 & 0 \\ 0 & 0 \end{pmatrix}, \text{ 단, } D_2 = \begin{pmatrix} 2 & 0 \\ 0 & -\dfrac{1}{2} \end{pmatrix}$$

이다. 그리고

$$D^{-} = \begin{pmatrix} D_2^{-1} & 0 \\ 0 & 0 \end{pmatrix} = \begin{pmatrix} \dfrac{1}{2} & 0 & 0 \\ 0 & -2 & 0 \\ 0 & 0 & 0 \end{pmatrix}$$

결국

$$G = QD^{-}P = \begin{pmatrix} 1 & -\dfrac{3}{2} & -2 \\ 0 & 1 & 1 \\ 0 & 0 & 1 \end{pmatrix} \begin{pmatrix} \dfrac{1}{2} & 0 & 0 \\ 0 & -2 & 0 \\ 0 & 0 & 0 \end{pmatrix} \begin{pmatrix} 1 & 0 & 0 \\ -\dfrac{1}{2} & 1 & 0 \\ -2 & 1 & 1 \end{pmatrix} = \begin{pmatrix} -1 & 3 & 0 \\ 1 & -2 & 0 \\ 0 & 0 & 0 \end{pmatrix}$$

이다. 이 경우

$$AGA = \begin{pmatrix} 2 & 3 & 1 \\ 1 & 1 & 1 \\ 3 & 5 & 1 \end{pmatrix} \begin{pmatrix} -1 & 3 & 0 \\ 1 & -2 & 0 \\ 0 & 0 & 0 \end{pmatrix} \begin{pmatrix} 2 & 3 & 1 \\ 1 & 1 & 1 \\ 3 & 5 & 1 \end{pmatrix} = \begin{pmatrix} 2 & 3 & 1 \\ 1 & 1 & 1 \\ 3 & 5 & 1 \end{pmatrix} = A$$

임을 확인할 수 있다.

R에서 일반화역행렬을 다음과 같이 확인하자.

❶ 최대계수가 아닌 비정방행렬

```
> library(MASS)
> options(digits=2)
>
> A<-matrix(c(3,2,1,4,2,0,5,2,-1,-1,0,1),4,3,byrow=T)
> A
     [,1] [,2] [,3]
[1,]    3    2    1
[2,]    4    2    0
[3,]    5    2   -1
[4,]   -1    0    1
>
```

A의 무어-펜로즈 역행렬을 구하고

```
> K<-ginv(A)
> K
        [,1]  [,2]   [,3]   [,4]
[1,] 7.5e-18 0.056  0.111 -0.056
[2,] 1.7e-01 0.056 -0.056  0.111
[3,] 3.3e-01 0.056 -0.222  0.278
>
```

임의의 3×4 행렬을 생성하고

```
> Q<-matrix(c(sample(1:12, replace=T)),3,4)
> Q
     [,1] [,2] [,3] [,4]
[1,]    4    9    8    8
[2,]   12    8    9    4
[3,]   11   12    7    2
>
```

일반화역행렬 G는

```
> G<-K+Q-K%*%A%*%Q%*%A%*%K
> G
     [,1]  [,2] [,3]  [,4]
```

```
[1,] -4.9  1.67  2.3 6.389
[2,]  1.4 -0.83  1.9 2.222
[3,] -1.3  1.67 -1.4 0.056
>
```

첫째 조건을 만족하는 G는 다음과 같다.

```
> A%*%G%*%A
     [,1]     [,2]   [,3]
[1,]    3  2.0e+00  1e+00
[2,]    4  2.0e+00 -5e-14
[3,]    5  2.0e+00 -1e+00
[4,]   -1 -5.3e-15  1e+00
>
```

다른 임의의 3×4 행렬을 생성하고

```
> Q<-matrix(c(sample(1:12, replace=T)),3,4)
> Q
     [,1] [,2] [,3] [,4]
[1,]   12   10   10    3
[2,]   11    1    3    2
[3,]    9    6    4    5
>
```

일반화역행렬 G는

```
> G<-K+Q-K%*%A%*%Q%*%A%*%K
> G
     [,1]  [,2] [,3]  [,4]
[1,] 0.56  0.56  2.6  1.00
[2,] 1.06 -6.28 -1.6 -0.67
[3,] 0.56  0.89  2.2  1.67
>
```

첫째 조건을 만족하는 G는 다음과 같다.

```
> A%*%G%*%A
     [,1]    [,2]     [,3]
[1,]    3 2.0e+00  1.0e+00
```

```
[2,]    4 2.0e+00 -2.1e-14
[3,]    5 2.0e+00 -1.0e+00
[4,]   -1 3.6e-15  1.0e+00
>
```

❷ 최대열계수 비정방행렬

```
> C<-matrix(c(1,2,3,5,1,5,6,4,5,3,1,4),4,3)
> C
     [,1] [,2] [,3]
[1,]    1    1    5
[2,]    2    5    3
[3,]    3    6    1
[4,]    5    4    4
>
> K<-ginv(C)
> K
        [,1]   [,2]   [,3]   [,4]
[1,] -0.1336 -0.198 -0.028  0.323
[2,] -0.0072  0.154  0.133 -0.140
[3,]  0.1930  0.064 -0.071 -0.022
>
> Q<-matrix(c(sample(1:12, replace=T)),3,4)
> Q
     [,1] [,2] [,3] [,4]
[1,]   10    6    9    3
[2,]   10   10    1    5
[3,]   10    8    6    8
>
> G<-K+Q-K%*%C%*%Q%*%C%*%K
> G
      [,1]  [,2]  [,3]  [,4]
[1,]  2.00 -3.55  3.02 -0.59
[2,] -1.14  1.93 -1.48  0.34
[3,]  0.64 -0.65  0.57 -0.22
>
> C%*%G%*%C
     [,1] [,2] [,3]
[1,]    1    1    5
[2,]    2    5    3
[3,]    3    6    1
[4,]    5    4    4
>
```

```
>
> Q<-matrix(c(sample(1:12, replace=T)),3,4)
> Q
     [,1] [,2] [,3] [,4]
[1,]    5    9    2   11
[2,]    2    6    6   11
[3,]    3   10   12    3
>
> G<-K+Q-K%*%C%*%Q%*%C%*%K
> G
      [,1] [,2]  [,3]  [,4]
[1,] -2.07  2.8 -2.79  1.15
[2,] -0.63  1.1 -0.76  0.13
[3,]  0.75 -0.8  0.72 -0.26
>
> C%*%G%*%C
     [,1] [,2] [,3]
[1,]    1    1    5
[2,]    2    5    3
[3,]    3    6    1
[4,]    5    4    4
>
```

❸ 열벡터

```
> D<-matrix(c(1,6,3),3,1)
> D
     [,1]
[1,]    1
[2,]    6
[3,]    3
> K<-ginv(D)
> K
      [,1] [,2]  [,3]
[1,] 0.022 0.13 0.065
>
> Q<-matrix(c(sample(c(7,3,1), replace=T)),1,3)
> Q
     [,1] [,2] [,3]
[1,]    7    3    3
>
> G<-K+Q-K%*%D%*%Q%*%D%*%K
> G
```

```
     [,1] [,2] [,3]
[1,]  6.3 -1.3 0.85
>

> D%*%G%*%D
     [,1]
[1,]    1
[2,]    6
[3,]    3
>
> Q<-matrix(c(sample(c(7,3,1), replace=T)),1,3)
> Q
     [,1] [,2] [,3]
[1,]    3    7    7
>
> G<-K+Q-K%*%D%*%Q%*%D%*%K
> G
     [,1] [,2] [,3]
[1,]  1.6 -1.5  2.8
>

> D%*%G%*%D
     [,1]
[1,]    1
[2,]    6
[3,]    3
>
```

행렬 $\vec{x}'\vec{x}$에 대한 일반화역행렬 선형모형 $\vec{y} = \vec{x}'\vec{b} + \vec{e}$에 대한 정규방정식은 $\vec{x}'\vec{x}\,\vec{b} = \vec{x}'\vec{y}$이다. 이때 $\vec{b}$에 대한 추정치나 평방합(SS_b) 등을 계산하는 경우 $\vec{x}'\vec{x}$의 일반화역행렬의 여러 성질들이 논의되는데, 이러한 내용들은 통계이론에서 중요한 역할을 차지하고 있다. 그 내용들은 다음과 같다.

정리 4.8 행렬 G를 $\vec{x}'\vec{x}$의 일반화역행렬이라고 하면

(1) G'도 역시 $\vec{x}'\vec{x}$의 일반화역행렬이다.

(2) $G\vec{x}'$는 $\vec{x}$의 일반화역행렬이다. 즉, $\vec{x}\,G\,\vec{x}'\vec{x} = \vec{x}$이다.

(3) $\vec{x}\,G\vec{x}'$은 행렬 G값에 영향을 받지 않는다(invariant to G).

(4) $\vec{x}\,G\vec{x}'$은 대칭행렬이다.

증명

(1) $\vec{x}'\vec{x}\,G\,\vec{x}'\vec{x} = \vec{x}'\vec{x}$이므로, $(\vec{x}'\vec{x}\,G\,\vec{x}'\vec{x})' = (\vec{x}'\vec{x})'$이다. $\vec{x}'\vec{x}\,G'\vec{x}'\vec{x} = \vec{x}'\vec{x}$, 즉 G'은 $\vec{x}'\vec{x}$의 일반화역행렬이다.

(2) (1)에 의해서 $\vec{x}'\vec{x}\,G\,\vec{x}'\vec{x} = \vec{x}'\vec{x}$이므로 $\vec{x}'\vec{x}\,G = P$, $\vec{x}' = \vec{y}$, $\vec{x} = \vec{y}'$이라고 하면, $P\vec{y}\,\vec{y}' = \vec{y}\,\vec{y}'$이다. 이는 $P\vec{y} = \vec{y}$를 의미한다(참고). 즉 $\vec{x}'\vec{x}\,G\,\vec{x}' = \vec{x}'$ 양쪽을 전치하면 $\vec{x}\,G\vec{x}'\vec{x} = \vec{x}$, 즉 $G\vec{x}'$은 $\vec{x}$의 일반화역행렬이다.

■ 참고

행렬 P, Q, $\vec{x}$에 대하여 $P\vec{x}\,\vec{x}' = Q\vec{x}\,\vec{x}'$이면 $P\vec{x} = Q\vec{x}$이다. 왜냐하면 $(P\vec{x}\,\vec{x}' - Q\vec{x}\,\vec{x}')(P' - Q') \equiv (P\vec{x} - Q\vec{x})(P\vec{x} - Q\vec{x})'$를 생각하면 $P\vec{x}\,\vec{x}' - Q\vec{x}\,\vec{x}' = 0$ 일 때 $P\vec{x} - Q\vec{x} = 0$ 이기 때문이다.

(3) F를 $\vec{x}\,\vec{x}'$의 또 다른 일반화역행렬이라고 하자. (2)에 의해서 $\vec{x}\,G\vec{x}'\vec{x} = \vec{x}$이고 $\vec{x}\,F\vec{x}'\vec{x} = \vec{x}$이므로, $\vec{x}\,G\vec{x}'\vec{x} = \vec{x}\,F\vec{x}'\vec{x}$ 이다. $\vec{x}G = P$, $\vec{x}F = Q$, $\vec{x}' = \vec{y}$라고 놓으면 $P\vec{y} = Q\vec{y}$이므로, $\vec{x}\,G\vec{x}' = \vec{x}\,F\vec{x}'$이다. 이는 $\vec{x}\,G\vec{x}'$값은 일반화역행렬 중 어떤 것을 사용해도 같은 값을 가짐을 의미한다.

(4) $\vec{x}'\vec{x}$의 일반화역행렬 중 대칭인 행렬을 T라고 하자. 그러면 $\vec{x}\,T\vec{x}'$는 대칭행렬이다. 왜냐하면, $(\vec{x}\,T\vec{x}')' = \vec{x}\,T\vec{x}'$이기 때문이다. (3)에 의해서 $\vec{x}\,G\vec{x}' = \vec{x}\,T\vec{x}'$이고 $\vec{x}\,T\vec{x}'$이 대칭이기 때문에, $\vec{x}\,G\vec{x}'$도 G에 관계없이 대칭행렬이다.

[예 12] 다음은 가축사료 1, 2, 3, 4에 대한 가축의 성장효과분석을 위한 실험결과이다.

가축사료 / 반복	1	2	3	4
	55	61	169	42
	49	112	137	97
	42	30	169	81
	21	89	85	95
	52	63	154	92

이를 선형모형 $y_{ij} = \mu + T_i + e_j$ 형태로 쓰면 다음과 같다.

$$\begin{pmatrix} y_{11}=55 \\ y_{12}=49 \\ \vdots \\ y_{21}=61 \\ \vdots \\ y_{45}=92 \end{pmatrix} = \begin{pmatrix} 1\ 1\ 0\ 0\ 0 \\ 1\ 1\ 0\ 0\ 0 \\ \vdots \\ 1\ 0\ 1\ 0\ 0 \\ \vdots \\ 1\ 0\ 0\ 0\ 1 \end{pmatrix} \begin{pmatrix} \mu \\ T_1 \\ T_2 \\ T_3 \\ T_4 \\ \vdots \end{pmatrix} + \begin{pmatrix} e_1 \\ e_2 \\ \vdots \\ \vdots \\ \vdots \\ e_{20} \end{pmatrix}$$

이는 $\vec{y} = \vec{x}\,\vec{b} + \vec{e}$ 의 형태로 최소제곱법을 쓰면 $\vec{x}'\vec{x}\hat{b} = \vec{x}'\vec{y}$라는 정규방정식을 얻을 수 있다. 따라서 $\hat{b} = G\vec{x}'\vec{y}$ 로서 해를 구할 수 있다. 한편, 처리에 대한 평방합 SSt를 구해 보면 $SSt = \hat{b}'\vec{x}'\vec{y} = (G\vec{x}'\vec{y})' = \vec{y}'\vec{x}\ G'\vec{x}'\vec{y}$이다. 이때 $\vec{x}\ G'\vec{x}'$은 G에 대하여 독립(invariant)이므로 이러한 G를 써도 결국 $SSt = 26234.95$라는 값에는 변동이 없다. 이러한 성질이 분산분석표를 이용하여 처리의 효과차를 검정할 수 있는 통계적인 방법에 타당성을 제공해 주고 있다.

6.3 일반화역행렬에 의한 일반해

연립일차방정식 $A\vec{x} = \vec{b}$ 에서 행렬 A의 일반화역행렬을 G라고 하면 다음의 정리가 성립한다.

> **정리 4.9** 연립방정식 $A\vec{x} = \vec{b}$가 해를 가지고, $AGA = A$일 때, $\vec{x} = G\vec{b}$는 $A\vec{x} = \vec{b}$의 해가 된다.

[예 13]

$$\begin{pmatrix} 2 & 3 & 1 \\ 1 & 1 & 1 \\ 3 & 5 & 1 \end{pmatrix}\begin{pmatrix} x \\ y \\ z \end{pmatrix} = \begin{pmatrix} 14 \\ 6 \\ 22 \end{pmatrix}$$

에서

$$G = \begin{pmatrix} -1 & 3 & 0 \\ 1 & -2 & 0 \\ 0 & 0 & 0 \end{pmatrix}$$

이므로

$$\vec{x} = G\vec{b} = \begin{pmatrix} -1 & 3 & 0 \\ 1 & -2 & 0 \\ 0 & 0 & 0 \end{pmatrix}\begin{pmatrix} 14 \\ 6 \\ 22 \end{pmatrix} = \begin{pmatrix} 4 \\ 2 \\ 0 \end{pmatrix}$$

이다. 따라서 $x=4,\ y=2,\ z=0$은 위 연립방정식 $A\vec{x} = \vec{b}$의 하나의 해가 된다. 그

러나 연립일차방정식을 만족하는 해 x는 수많이 존재하기 때문에 일반화역행렬은 가능한 모든 해를 얻는 방법이라고 할 수 없다. 다음으로 모든 해를 얻는 정리를 소개하고자 한다.

정리 4.10 연립일차방정식 $A\vec{x} = \vec{b}$가 많은 해를 가지고 있을 때, A가 q개의 열로 이루어져 있고, G가 A의 일반화역행렬($AGA = A$)이라고 하면, $A\vec{x} = \vec{b}$에 대한 해는

$$\vec{x} = G\vec{b} + (H - I)\vec{z},\ \text{단},\ H = GA,\quad \vec{z}\text{는 임의 } q\text{차원 벡터}$$

이다.

[예 14]

$$\underset{A}{\begin{pmatrix} 2 & 3 & 1 \\ 1 & 1 & 1 \\ 3 & 5 & 1 \end{pmatrix}} \underset{\vec{x}}{\begin{pmatrix} x \\ y \\ z \end{pmatrix}} = \underset{\vec{b}}{\begin{pmatrix} 14 \\ 6 \\ 22 \end{pmatrix}}$$

에서

$$G\vec{b} = \begin{pmatrix} 4 \\ 2 \\ 0 \end{pmatrix}, \quad H = GA = \begin{pmatrix} 1 & 0 & 2 \\ 0 & 1 & -1 \\ 0 & 0 & 0 \end{pmatrix}$$

따라서

$$\begin{aligned} \vec{x} &= \begin{pmatrix} 4 \\ 2 \\ 0 \end{pmatrix} + \left[\begin{pmatrix} 1 & 0 & 2 \\ 0 & 1 & -1 \\ 0 & 0 & 0 \end{pmatrix} - \begin{pmatrix} 1 & 0 & 0 \\ 0 & 1 & 0 \\ 0 & 0 & 1 \end{pmatrix} \right] \vec{z} \\ &= \begin{pmatrix} 4 \\ 2 \\ 0 \end{pmatrix} + \begin{pmatrix} 0 & 0 & 2 \\ 0 & 0 & -1 \\ 0 & 0 & -1 \end{pmatrix} \begin{pmatrix} z_1 \\ z_2 \\ z_3 \end{pmatrix} \\ &= \begin{pmatrix} 4 + 2z_3 \\ 2 - z_3 \\ -z_3 \end{pmatrix}, \quad z_3\text{는 임의의 상수} \end{aligned}$$

여기에서 정리 4.7에서 구한 $\vec{x} = G\vec{b}$는 정리 4.8에서 구한 일반해의 특수한 경우임을 알 수 있다.

7 R을 이용한 행렬의 분해

7.1 QR 분해

$n \times m$ 행렬 A가 완전계수를 갖는 경우(즉, $rank(A) = m, m \le n$)의 QR 분해(QR-decomposition)는 $A = QR$로 정의된다. 여기서 Q는 $n \times n$ **직교행렬**(orthogonal matrix)이며, 즉 $Q'Q = I, QQ' = I$이다. R은 $m \times m$ **상삼각행렬**(upper triangular matrix) R_1과 $(n-m) \times m$ 영행렬 0으로 분할되는 $n \times m$ 행렬이다.

R에서 QR 분해는 qr 함수를 이용한다. 이 함수는 qr이라는 객체로 결과를 반환하는데, qr.Q 함수로 직교행렬 Q를 반환하고 qr.R 함수로 상삼각행렬을 반환한다.

1. 최대계수 4×3 행렬

```
> A <- matrix(c(sample(1:12)),4,3)
> A
     [,1] [,2] [,3]
[1,]   10   11    5
[2,]    9    6    7
[3,]    3   12    1
[4,]    8    4    2
> qra<-qr(A)
> qra
$qr
       [,1]   [,2]  [,3]
[1,] -15.94 -14.56 -8.28
[2,]   0.56  10.25 -0.35
[3,]   0.19  -0.88 -3.21
[4,]   0.50   0.38 -0.91

$rank
[1] 3

$qraux
[1] 1.6 1.3 1.4

$pivot
[1] 1 2 3

attr(,"class")
[1] "qr"
```

```
> (Q<-qr.Q(qra))
      [,1]  [,2]   [,3]
[1,] -0.63  0.18  0.042
[2,] -0.56 -0.22 -0.701
[3,] -0.19  0.90  0.076
[4,] -0.50 -0.32  0.708
> (R<-qr.R(qra))
     [,1] [,2]  [,3]
[1,]  -16  -15 -8.28
[2,]    0   10 -0.35
[3,]    0    0 -3.21

> Q%*%R
     [,1] [,2] [,3]
[1,]   10   11    5
[2,]    9    6    7
[3,]    3   12    1
[4,]    8    4    2
> qr.X(qra)
     [,1] [,2] [,3]
[1,]   10   11    5
[2,]    9    6    7
[3,]    3   12    1
[4,]    8    4    2
> A
     [,1] [,2] [,3]
[1,]   10   11    5
[2,]    9    6    7
[3,]    3   12    1
[4,]    8    4    2
```

결과로부터 $A = QR$을 검증한다.

```
> Q%*%t(Q)
     [,1]  [,2]  [,3]  [,4]
[1,] 0.43  0.29  0.29  0.29
[2,] 0.29  0.86 -0.14 -0.14
[3,] 0.29 -0.14  0.86 -0.14
[4,] 0.29 -0.14 -0.14  0.86

> t(Q)%*%Q
        [,1]     [,2]     [,3]
[1,]  1.0e+00 -2.8e-17 -2.5e-17
```

```
[2,] -2.8e-17  1.0e+00 -9.5e-20
[3,] -2.5e-17 -9.5e-20  1.0e+00

> round(t(Q)%*%Q, 15)
     [,1] [,2] [,3]
[1,]    1    0    0
[2,]    0    1    0
[3,]    0    0    1
>
```

또한 $Q'Q \neq I_4$은 성립하지 않고 $Q'Q = I_3$을 검증한다.

2. 계수가 2인 4×3 행렬

```
> A<-matrix(c(3,2,1,4,2,0,5,2,-1,-1,0,1),4,3, byrow=T)
> A
     [,1] [,2] [,3]
[1,]    3    2    1
[2,]    4    2    0
[3,]    5    2   -1
[4,]   -1    0    1

> qra<-qr(A)
> qra
$qr
      [,1]  [,2]     [,3]
[1,] -7.14 -3.36  4.2e-01
[2,]  0.56  0.84  1.7e+00
[3,]  0.70  0.77 -1.1e-15
[4,] -0.14 -0.63 -9.5e-01

$rank
[1] 2

$qraux
[1] 1.4 1.1 1.3

$pivot
[1] 1 2 3

attr(,"class")
[1] "qr"
> (Q<-qr.Q(qra))
```

```
      [,1]  [,2]  [,3]
[1,] -0.42  0.70  0.15
[2,] -0.56  0.14 -0.71
[3,] -0.70 -0.42  0.56
[4,]  0.14  0.56  0.41
>  (R<-qr.R(qra))
     [,1]  [,2]     [,3]
[1,] -7.1 -3.36  4.2e-01
[2,]  0.0  0.84  1.7e+00
[3,]  0.0  0.00 -1.1e-15

> round((R<-qr.R(qra)), 3)
     [,1]  [,2] [,3]
[1,] -7.1 -3.36 0.42
[2,]  0.0  0.84 1.68
[3,]  0.0  0.00 0.00
>
```

R의 대각성분에 0이 있으므로 **비정칙**(singular)이고 계수는 2이다.

```
> Q%*%R
     [,1]  [,2]     [,3]
[1,]    3 2e+00  1.0e+00
[2,]    4 2e+00  1.4e-15
[3,]    5 2e+00 -1.0e+00
[4,]   -1 7e-17  1.0e+00
>
> qr.X(qra)
     [,1]    [,2]     [,3]
[1,]    3 2.0e+00  1.0e+00
[2,]    4 2.0e+00  1.3e-15
[3,]    5 2.0e+00 -1.0e+00
[4,]   -1 7.1e-17  1.0e+00
> A
     [,1] [,2] [,3]
[1,]    3    2    1
[2,]    4    2    0
[3,]    5    2   -1
[4,]   -1    0    1
```

결과로부터 $A = QR$을 검증한다.

```
> Q%*%t(Q)
      [,1]   [,2]   [,3]  [,4]
```

```
[1,] 0.689  0.228  0.083  0.39
[2,] 0.228  0.833 -0.061 -0.29
[3,] 0.083 -0.061  0.978 -0.11
[4,] 0.394 -0.289 -0.105  0.50
> t(Q)%*%Q
        [,1]    [,2]    [,3]
[1,] 1.0e+00 2.2e-17 1.9e-17
[2,] 2.2e-17 1.0e+00 1.2e-16
[3,] 1.9e-17 1.2e-16 1.0e+00
> round(t(Q)%*%Q, 15)
     [,1] [,2] [,3]
[1,]    1    0    0
[2,]    0    1    0
[3,]    0    0    1
>
```

또 $Q'Q \neq I_4$은 성립하지 않고 $Q'Q = I_3$을 검증한다.

3. 계수가 2인 3×4 행렬

```
> A<-matrix(c(3,2,1,4,2,0,5,2,1,2,-4,2),3,4, byrow=T)
> A
     [,1] [,2] [,3] [,4]
[1,]    3    2    1    4
[2,]    2    0    5    2
[3,]    1    2   -4    2
> qra<-qr(A)
> qra
$qr
      [,1]  [,2]     [,3]     [,4]
[1,] -3.74 -2.14 -2.4e+00 -4.8e+00
[2,]  0.53  1.85 -6.0e+00  9.3e-01
[3,]  0.27 -0.75 -7.8e-16  1.8e-16

$rank
[1] 2

$qraux
[1] 1.8e+00 1.7e+00 7.8e-16 1.8e-16

$pivot
[1] 1 2 3 4
```

```
attr(,"class")
[1] "qr"
> (Q<-qr.Q(qra))
      [,1]  [,2]  [,3]
[1,] -0.80  0.15 -0.58
[2,] -0.53 -0.62  0.58
[3,] -0.27  0.77  0.58
>  (R<-qr.R(qra))
     [,1] [,2]     [,3]     [,4]
[1,] -3.7 -2.1 -2.4e+00 -4.8e+00
[2,]  0.0  1.9 -6.0e+00  9.3e-01
[3,]  0.0  0.0 -7.8e-16  1.8e-16

> round((R<-qr.R(qra)), 3)
     [,1] [,2] [,3]  [,4]
[1,] -3.7 -2.1 -2.4 -4.81
[2,]  0.0  1.9 -6.0  0.93
[3,]  0.0  0.0  0.0  0.00
```

R의 대각성분에 0이 있으므로 **비정칙**이고 계수는 2이다.

```
> Q%*%R
     [,1]     [,2] [,3] [,4]
[1,]    3 2.0e+00    1    4
[2,]    2 7.4e-17    5    2
[3,]    1 2.0e+00   -4    2
>A

     [,1]     [,2] [,3]
[1,]    3 2.0e+00    1
[2,]    2 4.5e-17    5
[3,]    1 2.0e+00   -4
> A
     [,1] [,2] [,3] [,4]
[1,]    3    2    1    4
[2,]    2    0    5    2
[3,]    1    2   -4    2
```

결과로부터 $A = QR$을 검증한다.

```
> Q%*%t(Q)
        [,1]      [,2]      [,3]
```

```
[1,] 1.0e+00  7.6e-17  6.7e-17
[2,] 7.6e-17  1.0e+00 -1.2e-17
[3,] 6.7e-17 -1.2e-17  1.0e+00
> t(Q)%*%Q
         [,1]      [,2]      [,3]
[1,]  1.0e+00 -5.7e-18  2.4e-18
[2,] -5.7e-18  1.0e+00 -7.6e-17
[3,]  2.4e-18 -7.6e-17  1.0e+00
> round(t(Q)%*%Q, 15)
     [,1] [,2] [,3]
[1,]    1    0    0
[2,]    0    1    0
[3,]    0    0    1
> round(Q%*%t(Q), 15)
     [,1] [,2] [,3]
[1,]    1    0    0
[2,]    0    1    0
[3,]    0    0    1
```

또 $Q'Q = I_3$ 이고, 이 경우에 $Q'Q = I_4$ 이다.

4. 최대계수 3×3 행렬

```
> A <- matrix(c(1,1,1,1,2,4,1,3,9), ncol=3, byrow=T)
> A
     [,1] [,2] [,3]
[1,]    1    1    1
[2,]    1    2    4
[3,]    1    3    9
> qra<-qr(A)
> qra
$qr
      [,1]  [,2]  [,3]
[1,] -1.73 -3.46 -8.08
[2,]  0.58 -1.41 -5.66
[3,]  0.58  0.97  0.82

$rank
[1] 3

$qraux
[1] 1.58 1.26 0.82

$pivot
```

```
[1] 1 2 3

attr(,"class")
[1] "qr"
> (Q<-qr.Q(qra))
      [,1]     [,2]  [,3]
[1,] -0.58  7.1e-01  0.41
[2,] -0.58 -1.5e-17 -0.82
[3,] -0.58 -7.1e-01  0.41
> (R<-qr.R(qra))
     [,1] [,2]  [,3]
[1,] -1.7 -3.5 -8.08
[2,]  0.0 -1.4 -5.66
[3,]  0.0  0.0  0.82
> Q%*%R
     [,1] [,2] [,3]
[1,]    1    1    1
[2,]    1    2    4
[3,]    1    3    9
>  qr.X(qra)
     [,1] [,2] [,3]
[1,]    1    1    1
[2,]    1    2    4
[3,]    1    3    9
```

결과로부터 $A = QR$을 검증한다.

```
> Q%*%t(Q)
         [,1]     [,2]     [,3]
[1,]  1.0e+00 -6.5e-17  4.9e-18
[2,] -6.5e-17  1.0e+00 -2.0e-17
[3,]  4.9e-18 -2.0e-17  1.0e+00
>  t(Q)%*%Q
         [,1]     [,2]     [,3]
[1,]  1.0e+00 5.9e-17 -4.5e-17
[2,]  5.9e-17 1.0e+00  1.8e-17
[3,] -4.5e-17 1.8e-17  1.0e+00
> round(t(Q)%*%Q, 15)
     [,1] [,2] [,3]
[1,]    1    0    0
[2,]    0    1    0
[3,]    0    0    1
> round(Q%*%t(Q), 15)
```

```
     [,1] [,2] [,3]
[1,]    1    0    0
[2,]    0    1    0
[3,]    0    0    1
```

결과로부터 Q는 직교행렬($Q'Q = QQ' = I$)이고 R은 상삼각행렬임을 알 수 있다.

7.2 LU와 LDU 분해

$n \times n$ 정방행렬 A는 $A = LU$로 정의된다. 여기서 L은 대각성분이 1인 **하삼각행렬**(lower triangular matrix)이고 U는 상삼각행렬이다. 그리고 만약 행렬 A가 **정칙행렬**(non-singular matrix)이면 LU 분해로부터 행렬 U의 대각성분이 모두 1인 **대각행렬**(diagonal matrix) D를 갖고 $A = LDU$로 분해한다.

R에서 LU 분해는 Matrix 라이브러리에 있는 lu 함수를 사용한다. 이것은 $A = PLU$나 $P'A = LU$를 만족하는 **치환행렬**(permutation matrix) P를 생성한다. 결과적으로 행렬 L의 대각원소는 모두 1인 하삼각행렬이고 행렬 U은 상삼각행렬임을 알 수 있다. 그리고 Matrix 라이브러리에서는 행렬의 원소가 0인 원소는 .로 표현됨에 유의하여야 한다.

1. 4×4 행렬의 LU 분해

```
> A <- matrix(c(sample(-10:10,16)),4,4)
> A
     [,1] [,2] [,3] [,4]
[1,]   -5    1   -4    0
[2,]   -7   -3    5   -2
[3,]   10    4    2  -10
[4,]    3   -1    7    9
> L

Call:
lm(formula = score ~ hit_rate + homerun)

Coefficients:
(Intercept)    hit_rate     homerun
     21.78       16.19        1.97

> ALU<-lu(A)
> E<-expand(ALU)
> E
```

```
$L
4 x 4 Matrix of class "dtrMatrix" (unitriangular)
     [,1]   [,2]   [,3]   [,4]
[1,]  1.000      .      .      .
[2,] -0.500  1.000      .      .
[3,] -0.700 -0.067  1.000      .
[4,]  0.300 -0.733  0.677  1.000

$U
4 x 4 Matrix of class "dtrMatrix"
     [,1]  [,2]  [,3]  [,4]
[1,]  10.0   4.0   2.0 -10.0
[2,]     .   3.0  -3.0  -5.0
[3,]     .     .   6.2  -9.3
[4,]     .     .     .  14.7

$P
4 x 4 sparse Matrix of class "pMatrix"

[1,] . | . .
[2,] . . | .
[3,] | . . .
[4,] . . . |

> (E$L)
4 x 4 Matrix of class "dtrMatrix" (unitriangular)
     [,1]   [,2]   [,3]   [,4]
[1,]  1.000      .      .      .
[2,] -0.500  1.000      .      .
[3,] -0.700 -0.067  1.000      .
[4,]  0.300 -0.733  0.677  1.000
> (E$U)
4 x 4 Matrix of class "dtrMatrix"
     [,1]  [,2]  [,3]  [,4]
[1,]  10.0   4.0   2.0 -10.0
[2,]     .   3.0  -3.0  -5.0
[3,]     .     .   6.2  -9.3
[4,]     .     .     .  14.7
> (E$P)
4 x 4 sparse Matrix of class "pMatrix"

[1,] . | . .
[2,] . . | .
[3,] | . . .
```

```
[4,] . . . |
> (E$L)%*%(E$U)
4 x 4 Matrix of class "dgeMatrix"
     [,1] [,2] [,3] [,4]
[1,]   10    4    2  -10
[2,]   -5    1   -4    0
[3,]   -7   -3    5   -2
[4,]    3   -1    7    9
> t(E$P)%*%A
     [,1] [,2] [,3] [,4]
[1,]   10    4    2  -10
[2,]   -5    1   -4    0
[3,]   -7   -3    5   -2
[4,]    3   -1    7    9
>
```

결과로부터 $P'A = LU$를 확인할 수 있다.

```
> (E$P)%*%(E$L)%*%(E$U)
4 x 4 Matrix of class "dgeMatrix"
     [,1] [,2] [,3] [,4]
[1,]   -5    1   -4    0
[2,]   -7   -3    5   -2
[3,]   10    4    2  -10
[4,]    3   -1    7    9
> A
     [,1] [,2] [,3] [,4]
[1,]   -5    1   -4    0
[2,]   -7   -3    5   -2
[3,]   10    4    2  -10
[4,]    3   -1    7    9
>
```

결과로부터 $A = PLU$도 동일함을 알 수 있다.

2. 4×4 행렬의 LDU 분해

```
> D<-diag(diag(E$U))
> V<-solve(D)%*%(E$U)
> (E$U)
4 x 4 Matrix of class "dtrMatrix"
     [,1]  [,2]  [,3]  [,4]
```

```
[1,] 10.0  4.0  2.0 -10.0
[2,]    .  3.0 -3.0  -5.0
[3,]    .    .  6.2  -9.3
[4,]    .    .    .  14.7
> V
4 x 4 Matrix of class "dgeMatrix"
     [,1] [,2] [,3] [,4]
[1,]    1  0.4  0.2 -1.0
[2,]    0  1.0 -1.0 -1.7
[3,]    0  0.0  1.0 -1.5
[4,]    0  0.0  0.0  1.0
> D
     [,1] [,2] [,3] [,4]
[1,]   10    0  0.0    0
[2,]    0    3  0.0    0
[3,]    0    0  6.2    0
[4,]    0    0  0.0   15
> (E$P)%*%(E$L)%*%D%*%V
4 x 4 Matrix of class "dgeMatrix"
     [,1] [,2] [,3]     [,4]
[1,]   -5    1   -4  4.4e-16
[2,]   -7   -3    5 -2.0e+00
[3,]   10    4    2 -1.0e+01
[4,]    3   -1    7  9.0e+00
> A
     [,1] [,2] [,3] [,4]
[1,]   -5    1   -4    0
[2,]   -7   -3    5   -2
[3,]   10    4    2  -10
[4,]    3   -1    7    9
> round((E$P)%*%(E$L)%*%D%*%V, 3)
4 x 4 Matrix of class "dgeMatrix"
     [,1] [,2] [,3] [,4]
[1,]   -5    1   -4    0
[2,]   -7   -3    5   -2
[3,]   10    4    2  -10
[4,]    3   -1    7    9
>
```

결과로부터 $A = PLDU$임을 알 수 있다.

7.3 콜레스키 분해

$n \times n$ **양정치 대칭행렬**(positive semi-definite symmetric matrix) A의 콜레스키(Cholesky) 분해는 $A = RR'$이다. 여기서 R은 $n \times n$ 후삼각행렬이다. 행렬 A가 양정치이므로 대각성분이 음이 아닌 행렬 D로 $A = LDU$으로 분해된다. 그리고 행렬 A는 대칭이므로 $LDU = A = A' = U'D'L' = U'DL'$이다. 그리고 LDU 분해는 유일하므로 $U = L'$이고 $A = LDL' = (LD^{1/2})(LD^{1/2}) = RR'$이다. R에서 콜레스키 분해는 chol 함수을 이용하여 구한다.

1. 3×3 양정치대칭행렬

```
> A<-matrix(c(8,3,5,3,7,2,5,2,9),3,3)
> A
     [,1] [,2] [,3]
[1,]    8    3    5
[2,]    3    7    2
[3,]    5    2    9
> t(A)-A
     [,1] [,2] [,3]
[1,]    0    0    0
[2,]    0    0    0
[3,]    0    0    0
```

행렬 A는 대칭행렬이다.

```
> eigen(A)$values
[1] 15.1  5.8  3.2
```

이 결과로부터 행렬 A는 양정치 성질을 갖는다.

```
> (A.CHOL<-chol(A))
     [,1] [,2]  [,3]
[1,]  2.8  1.1 1.768
[2,]  0.0  2.4 0.052
[3,]  0.0  0.0 2.423
> t(A.CHOL)
     [,1]  [,2] [,3]
[1,]  2.8 0.000  0.0
[2,]  1.1 2.424  0.0
[3,]  1.8 0.052  2.4
```

```
> t(A.CHOL)%*%A.CHOL
     [,1] [,2] [,3]
[1,]    8    3    5
[2,]    3    7    2
[3,]    5    2    9
> crossprod(A.CHOL)
     [,1] [,2] [,3]
[1,]    8    3    5
[2,]    3    7    2
[3,]    5    2    9
>
```

결과로부터 $R=(A.CHOL)'$로 놓으면 $A=RR'$임을 알 수 있다. 여기서 R은 $n\times n$ 후삼각행렬이다.

연습문제

1 다음 행렬의 행렬식의 값과 역행렬이 있으면 그것을 구하라.

(1) $\begin{pmatrix} -2 & 0 & 1 \\ 4 & 6 & 8 \\ 3 & 5 & 7 \end{pmatrix}$ (2) $\begin{pmatrix} 1 & 2 & 4 \\ 2 & 3 & 9 \\ 1 & 4 & 16 \end{pmatrix}$ (3) $\begin{pmatrix} 1 & 2 & 3 & 4 \\ 2 & 3 & 4 & 5 \\ 3 & 4 & 5 & 6 \\ 4 & 5 & 6 & 7 \end{pmatrix}$

(4) $\begin{pmatrix} -1 & 3 & 0 \\ 0 & 2 & 1 \\ 1 & 0 & 4 \end{pmatrix}$ (5) $\begin{pmatrix} 10 & 6 & -1 \\ 6 & 5 & 4 \\ -1 & 4 & 17 \end{pmatrix}$ (6) $\frac{1}{10}\begin{pmatrix} 0 & -6 & 8 \\ -10 & 0 & 0 \\ 0 & -8 & -6 \end{pmatrix}$

(7) $\begin{pmatrix} 1 & 5 & -5 \\ 3 & 2 & -5 \\ 6 & -2 & -5 \end{pmatrix}$ (8) $\begin{pmatrix} -3 & 2 & -6 \\ -3 & 5 & -7 \\ -2 & 3 & -4 \end{pmatrix}$ (9) $\begin{pmatrix} 2 & 1 & 3 \\ -5 & 1 & 0 \\ 1 & 4 & -2 \end{pmatrix}$

2 다음 행렬식의 값을 구하라.

(1) $\begin{vmatrix} -1 & 1 & 1 & 1 \\ 1 & -1 & 1 & 1 \\ 1 & 1 & -1 & 1 \\ 1 & 1 & 1 & -1 \end{vmatrix}$ (2) $\begin{vmatrix} -0 & a & b & c \\ -a & 0 & d & e \\ -b & -d & 0 & f \\ -c & -e & -f & 0 \end{vmatrix}$

(3) $\begin{vmatrix} x & y & y & y \\ y & x & y & y \\ y & y & x & y \\ y & y & y & x \end{vmatrix}$ (4) $\begin{vmatrix} y & 7 & 7 & 7 \\ 7 & y & 7 & 7 \\ 7 & 7 & y & 7 \\ 7 & 7 & 7 & y \end{vmatrix}$

3 Cramer의 법칙을 사용하여 다음 각 연립방정식을 풀어라.

(1) $\begin{cases} 2x + y - z = 8 \\ 4x + 7y - 4z = 15 \\ 6x + 3y + 7z = 14 \end{cases}$ (2) $\begin{cases} x + 3y + 2z = -10 \\ -x + 7y + 23z = 35 \\ x - 17y + 2z = 190 \end{cases}$

4 다음 행렬식 값을 계산하라.

(1) $\begin{vmatrix} 3 & 8 & 7 & 0 & 0 & 0 \\ 1 & 2 & 4 & 0 & 0 & 0 \\ -1 & 3 & 2 & 0 & 0 & 0 \\ \mathrm{x} & \mathrm{y} & \mathrm{z} & 1 & 2 & 3 \\ \mathrm{p} & \mathrm{q} & \mathrm{r} & 4 & 5 & 4 \\ a & b & c & 3 & 2 & 1 \end{vmatrix}$ (2) $\begin{vmatrix} 0 & 0 & 0 & 0 & 0 & 1 \\ 0 & 0 & 0 & 0 & 3 & 2 \\ -1 & 0 & 0 & 1 & 6 & 4 \\ 0 & -1 & 0 & 2 & 3 & 5 \\ 0 & 0 & -1 & 9 & 2 & 1 \end{vmatrix}$

5 다음 행렬들을 대각형(Diagonal form)과 표준형(Canonial form)으로 고쳐라.

(1) $\begin{pmatrix} 7 & 13 \\ 2 & 9 \end{pmatrix}$ (2) $\begin{pmatrix} 3 & 6 & 48 \\ 1 & 9 & 2 \\ 4 & 1 & 3 \end{pmatrix}$

(3) $\begin{pmatrix} 4 & 4 & 10 \\ 4 & 20 & 18 \\ 10 & 18 & 29 \end{pmatrix}$ (4) $\begin{pmatrix} 4 & 6 & 12 \\ 6 & 8 & 1 \\ 12 & 1 & 5 \end{pmatrix}$

6 다음 행렬의 무어-펜로즈의 역행렬을 구하라.

(1) $\begin{pmatrix} 1 & 0 & 2 \\ 2 & -1 & 5 \\ 0 & 1 & -1 \\ 1 & 3 & -1 \end{pmatrix}$ (2) $\begin{pmatrix} 4 & 1 & 2 & 0 \\ 1 & 1 & 5 & 15 \\ 3 & 1 & 3 & 5 \end{pmatrix}$

7 다음 행렬의 일반화역행렬을 구하라.

(1) $\begin{pmatrix} 2 & 3 & 1 & -1 \\ 5 & 8 & 0 & 1 \\ 1 & 2 & -2 & 3 \end{pmatrix}$ (2) $\begin{pmatrix} 1 & 2 & 3 & -1 \\ 4 & 5 & 6 & 2 \\ 7 & 8 & 10 & 7 \\ 2 & 1 & 1 & 6 \end{pmatrix}$

5장

일차변환

1 벡터의 일차독립

1.1 일차종속

❶ 동일평면상에 있는 평행이 아닌 세 개의 벡터 $\vec{a}$, $\vec{b}$, $\vec{c}$에 대하여 생각해 보자. 임의의 두 벡터($\vec{a}$, $\vec{b}$라고 하면)를 기준으로 하면, 나머지 벡터 $\vec{c}$는 다음과 같이 나타낼 수 있다.

$$\vec{c} = x\vec{a} + y\vec{b} \quad (x,\ y\text{는 스칼라}) \tag{5-1}$$

식 (5-1)과 같이, 벡터에 스칼라를 곱한 것들의 합을 **일차결합**(linear combination)이라고 한다. 동일평면상의 평행이 아닌 3개 이상의 벡터는 임의의 2개의 벡터들의 일차결합으로 표현할 수 있다. 즉, 일차식의 제약하에 있다. 따라서 그 벡터들을 **일차종속**(linear dependent)이라고 한다.

❷ 공간내의 평행이 아닌 네 개의 벡터 $\vec{a}$, $\vec{b}$, $\vec{c}$, $\vec{d}$에 대해서도 똑같이 식 (5-1)처럼 이항해서

$$x\vec{a} + y\vec{b} + z\vec{c} + w\vec{d} = 0 \tag{5-2}$$

을 만족한다. 적어도 하나는 0이 아닌 x, y, z, w가 존재하는 것을 알 수 있다. 이때, 네 개의 벡터 $\vec{a}$, $\vec{b}$, $\vec{c}$, $\vec{d}$를 일차종속이라고 한다.

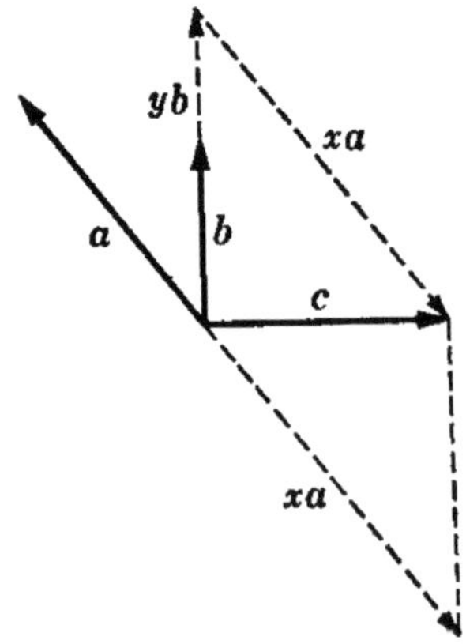

그림 5-1

정의 5.1

n개의 벡터 $\overrightarrow{a_1}$, $\overrightarrow{a_2}$, ⋯, $\overrightarrow{a_n}$ 의 일차결합의 다음 조건

$$\lambda_1\overrightarrow{a_1} + \lambda_2\overrightarrow{a_2} + \cdots + \lambda_n\overrightarrow{a_n} = 0 \qquad (5\text{-}3)$$

을 만족하는 $(\lambda_1, \lambda_2, \cdots, \lambda_n) \neq \vec{0}'$을 가지면, 이 벡터 $\overrightarrow{a_1}$, $\overrightarrow{a_2}$, ⋯, $\overrightarrow{a_n}$ 을 **일차종속**(linearly dependent)이라고 한다.

1.2 일차독립

동일평면상의 평행이 아닌 두 벡터, 혹은 공간 내의 평행이 아닌 3개 벡터를 서로 1차 결합으로 표현할 수 없을 때는 **일차독립**(linearly independent)이다. 공간 내의 평행이 아닌 세 벡터 $\vec{a}$, $\vec{b}$, $\vec{c}$를 식 (5–1)와 같이 표현하면

$$x\vec{a} + y\vec{b} + z\vec{c} = 0 \qquad (5\text{-}4)$$

위 식의 해를 생각해 보자.

$\vec{a}$, $\vec{b}$, $\vec{c}$를 좌표축으로 생각하면 식 (5–4)가 성립하는 경우는 $x = y = z = 0$일 때 뿐인 것을 알 수 있다.

정의 5.2

n개의 벡터 $\overrightarrow{a_1}$, $\overrightarrow{a_2}$, ⋯, $\overrightarrow{a_n}$ 의 일차결합의 다음 조건

$$\lambda_1\overrightarrow{a_1}+\lambda_2\overrightarrow{a_2}+\cdots+\lambda_n\overrightarrow{a_n} = 0 \qquad (5\text{-}5)$$

을 만족하는 것이 $(\lambda_1, \lambda_2, \cdots, \lambda_n) = \vec{0}'$일 때, 벡터 $\overrightarrow{a_1}$, $\overrightarrow{a_2}$, ⋯, $\overrightarrow{a_n}$ 을 **일차독립**(linearly independent)이라고 한다.

2 벡터공간

2.1 벡터공간의 구성

벡터의 집합 V를 가법과 스칼라 곱의 연산이 정의된 집합, 즉 V의 임의의 원소 u, v와 스칼라 λ에 대하여

$$u+v \in V\text{이고, } \lambda u \in V\text{이다.}$$

가법과 스칼라 곱에 관한 연산이 정의된 집합 V가 다음의 공리를 만족할 때, V를 **벡터공간**(vector space)이라고 부른다.

(1) $u, v \in V$ 에 대하여 $u+v \in V$
(2) $u+v=v+u$
(3) $u+(v+w)=(u+v)+w$
(4) 모든 $u \in V$에 대하여, $u+o=u$인 $o \in V$가 존재한다.
(5) 모든 $u \in V$에 대하여, $u+(-u)=o$인 $-u \in V$가 존재한다.
(6) 스칼라 λ와 $u \in V$에 대하여, $\lambda u \in V$
(7) $\lambda(u+v)=\lambda u+\lambda v$
(8) $(\lambda+l)u=\lambda u+lu$
(9) $\lambda(lu)=(\lambda l)u$
(10) $1 \cdot u=u$

V의 원소를 **벡터**(vector)라고 하고, $\lambda \in K$이고 $K=R$일 때는 **실벡터공간**(real vector spaces), K가 복소수일 때는 **복소벡터공간**(complex vector spaces)이라고 하지만, 이 책에서는 $K=R$일 때만을 의미하는 것으로 한다. 벡터공간 V의 n개 원소 $\overrightarrow{a_1}, \overrightarrow{a_2}, \cdots, \overrightarrow{a_n}$의 일차결합인 전체의 집합을 $\overrightarrow{a_1}, \overrightarrow{a_2}, \cdots, \overrightarrow{a_n}$으로 생성되는 공간이라고 하고, 기호 $<\overrightarrow{a_1}, \overrightarrow{a_2}, \cdots, \overrightarrow{a_n}>$로 나타낸다. 당연히 $<\overrightarrow{a_1}, \overrightarrow{a_2}, \cdots, \overrightarrow{a_n}> \in V$이다.

2.2 기저와 차원

벡터공간 V의 n개의 원소 $\overrightarrow{a_1}, \overrightarrow{a_2}, \cdots, \overrightarrow{a_n}$이 일차독립이고, $V=<\overrightarrow{a_1}, \overrightarrow{a_2}, \cdots, \overrightarrow{a_n}>$이면 $\overrightarrow{a_1}, \overrightarrow{a_2}, \cdots, \overrightarrow{a_n}$을 V의 **기저**(bases)라고 한다. 평면상의 평행이 아닌 두 벡터나

공간 내의 동일 평면상에 있지 않은 세 벡터들은 기저들이다. 벡터공간의 임의의 두개의 기저는 같은 개수의 원소들을 갖는데, 이때, n개의 벡터로 구성되는 기저를 가지면 이를 벡터공간의 **차원**(dimension) n을 갖는다고 한다. 또, 벡터공간의 차원을 $\dim[V]$로 나타내기도 한다.

벡터공간 V의 기저 $\vec{a_1}, \vec{a_2}, \cdots, \vec{a_n}$이 서로 직교($\vec{a_i} \perp \vec{a_j},\ i \neq j$)하고 있을 때, 이 기저를 **직교기저**(orthogonal bases)라고 한다. 더욱이 $\vec{a_i}$의 길이가 1인 경우, 그것을 **직교정규기저**(orthonomal bases)라고 한다. 일반적인 기저를 대상으로 하는 것보다는 직교정규기저를 대상으로 하는 것이 훨씬 편하다.

[예 1] 기본단위벡터 $\vec{e_1}, \vec{e_2}, \cdots, \vec{e_n}$은 벡터공간 R^n의 직교정규기저이다.

2.3 그람-슈미트 절차

그람-슈미트 절차(Gram-Schmidt process)는 주어진 몇 개의 벡터들을 순차적으로 직교화시키는 방법이다. 그렇게 함으로 주어진 벡터들이 몇 차원의 선형부분공간을 생성하는지를 알게 된다. n차원 벡터공간 V의 기저 $\vec{a_1}, \vec{a_2}, \cdots, \vec{a_n}$는 다음과 같은 방법으로 직교화되어 직교기저 $\vec{b_1}, \vec{b_2}, \cdots, \vec{b_n}$을 얻는다. 즉

$$\vec{b_1} = \vec{a_1},\ \vec{b_2} = \vec{a_2} - \frac{\vec{a_2}'\vec{b_1}}{\|\vec{b_1}\|^2}\vec{b_1},$$

$$\vec{b_3} = \vec{a_3} - \frac{\vec{a_3}'\vec{b_1}}{\|\vec{b_1}\|^2}\vec{b_1} - \frac{\vec{a_3}'\vec{b_2}}{\|\vec{b_2}\|^2}\vec{b_2}$$

$$\cdots\cdots\cdots\cdots\cdots\cdots\cdots\cdots\cdots\cdots\cdots$$

$$\overrightarrow{b_n a_n} - \frac{\vec{a_n}'\vec{b_1}}{\|\vec{b_1}\|^2}\vec{b_1} - \frac{\vec{a_n}'\vec{b_2}}{\|\vec{b_2}\|^2}\vec{b_2} - \cdots\cdots - \frac{\vec{a_n}'\overrightarrow{b_{n-1}}}{\|\overrightarrow{b_{n-1}}\|^2}\overrightarrow{b_{n-1}}$$

한편

$$\vec{b_1}'\vec{b_2} = \vec{a_1}'\left(\vec{a_2} - \frac{\vec{a_2}'\vec{b_1}}{\|\vec{b_1}\|^2}\vec{b_1}\right) = \vec{a_1}'\vec{a_2} - \frac{\vec{a_2}'\vec{a_1}}{\vec{a_1}'\vec{a_1}}\vec{a_1}'\vec{a_1}$$

이므로, $\vec{b_i} \perp \vec{b_j}(i \neq j)$인 것을 알 수 있다. 다음에

$$\vec{c_k} = \frac{\vec{b_k}}{\|\vec{b_k}\|}$$

이라면, $\overrightarrow{c_1}$, $\overrightarrow{c_2}$, $\cdots$, $\overrightarrow{c_n}$은 V에 대한 직교정규기저이다.

[예 2]

$$V = <\overrightarrow{a_1} = \begin{pmatrix} -1 \\ 0 \\ 1 \end{pmatrix}, \overrightarrow{a_2} = \begin{pmatrix} 1 \\ 1 \\ 1 \end{pmatrix}, \overrightarrow{a_3} = \begin{pmatrix} 1 \\ -1 \\ 1 \end{pmatrix}>$$

일 때, V에 대한 직교정규기저를 구하라.

해 그람-슈미트 절차를 이용하면 직교정규기저를 만들 수 있다.

$$\overrightarrow{b_1} = \begin{pmatrix} -1 \\ 0 \\ 1 \end{pmatrix}, \overrightarrow{b_2} = \overrightarrow{a_2} - \frac{\overrightarrow{a_2}'\overrightarrow{b_1}}{\| \overrightarrow{b_1} \|^2}\overrightarrow{b_1} = \begin{pmatrix} 1 \\ 1 \\ 0 \end{pmatrix} - \frac{-1}{2}\begin{pmatrix} -1 \\ 0 \\ 1 \end{pmatrix} = \begin{pmatrix} 1/2 \\ 1 \\ 1/2 \end{pmatrix}$$

$$\overrightarrow{b_3} = \overrightarrow{a_3} - \frac{\overrightarrow{a_3}'\overrightarrow{b_1}}{\| \overrightarrow{b_1} \|^2}\overrightarrow{b_1} - \frac{\overrightarrow{a_3}'\overrightarrow{b_2}}{\| \overrightarrow{b_2} \|^2}\overrightarrow{b_2} = \begin{pmatrix} 1 \\ -1 \\ 1 \end{pmatrix} - \frac{0}{2}\begin{pmatrix} -1 \\ 0 \\ 1 \end{pmatrix} - \frac{0}{6/4}\begin{pmatrix} \frac{1}{2} \\ 1 \\ \frac{1}{2} \end{pmatrix} = \begin{pmatrix} 1 \\ -1 \\ 1 \end{pmatrix}$$

을 얻는다. 따라서

$$\overrightarrow{c_1} = \frac{\sqrt{2}}{2}\begin{pmatrix} -1 \\ 0 \\ 1 \end{pmatrix}, \quad \overrightarrow{c_2} = \frac{\sqrt{6}}{3}\begin{pmatrix} 1 \\ 2 \\ 1 \end{pmatrix}, \quad \overrightarrow{c_3} = \frac{\sqrt{3}}{3}\begin{pmatrix} 1 \\ -1 \\ 1 \end{pmatrix}$$

[예 3] R^3의 부분공간

$$W = <\overrightarrow{a_1} = \begin{pmatrix} 1 \\ 0 \\ 1 \end{pmatrix}, \quad \overrightarrow{a_2} = \begin{pmatrix} 1 \\ -1 \\ 0 \end{pmatrix}, \quad \overrightarrow{a_3} = \begin{pmatrix} 2 \\ -1 \\ 1 \end{pmatrix}>$$

의 직교정규기저를 구하라.

해 $\overrightarrow{a_1}$과 $\overrightarrow{a_2}$는 일차독립이므로 $(\overrightarrow{a_3} = \overrightarrow{a_1} + \overrightarrow{a_2})$ $<\overrightarrow{a_1}, \overrightarrow{a_2}>$가 W의 기저를 형성한다. 그람-슈미트 절차를 이용하여 다음과 같이 직교정규기저를 만들 수 있다.

$$\overrightarrow{b_1} = \begin{pmatrix} 1 \\ 0 \\ 1 \end{pmatrix}$$

$$\overrightarrow{b_2} = \overrightarrow{a_2} - \frac{\overrightarrow{a_2}'\overrightarrow{b_1}}{\| \overrightarrow{b_1} \|^2}\overrightarrow{b_1} = \begin{pmatrix} 1 \\ -1 \\ 0 \end{pmatrix} + \frac{1}{2}\begin{pmatrix} 1 \\ 0 \\ 1 \end{pmatrix} = \begin{pmatrix} \frac{3}{2} \\ -1 \\ \frac{1}{2} \end{pmatrix}$$

$$\vec{c_1} = \frac{1}{\| \vec{b_1} \|}\vec{b_1} = \frac{1}{\sqrt{2}}\begin{pmatrix}1\\0\\1\end{pmatrix}, \quad \vec{c_2} = \frac{1}{\| \vec{b_2} \|}\vec{b_2} = \sqrt{\frac{4}{14}}\begin{pmatrix}\frac{3}{2}\\-1\\\frac{1}{2}\end{pmatrix} = \frac{1}{\sqrt{14}}\begin{pmatrix}3\\-2\\1\end{pmatrix}$$

[문]

$$< \vec{a_1} = \frac{1}{\sqrt{2}}\begin{pmatrix}-1\\0\\1\end{pmatrix}, \quad \vec{a_2} = \frac{1}{\sqrt{2}}\begin{pmatrix}1\\2\\1\end{pmatrix}, \quad \vec{a_3} = \frac{1}{\sqrt{3}}\begin{pmatrix}1\\-1\\1\end{pmatrix} >$$

의 직교정규기저를 구하라. $\vec{b} = \begin{pmatrix}1\\1\\1\end{pmatrix}$을 기저의 일차결합으로 표시하라.

3 선형변환

3.1 정의

벡터공간 V에서 벡터공간 W로의 변환 $f: V \to W$이 다음의 조건

(1) $f(a+b) = f(a) + f(b) \qquad (a,\ b \in V)$

(2) $f(\lambda a) = \lambda f(a) \qquad (a \in V,\ \lambda \in R)$

을 만족할 때, f를 **선형변환**(linear transformation)이라고 한다. 예를 들어 $f: R^3 \to R^2$를 $f(\vec{x}) = A\vec{x}$라고 정의하자. 여기서

$$A = \begin{pmatrix}1 & 2 & -1\\0 & -1 & 1\end{pmatrix}, \quad \vec{x} = \begin{pmatrix}x\\y\\z\end{pmatrix}$$

이면

$$f(x) = A\vec{x} = \begin{pmatrix}x+2y-z\\-y+z\end{pmatrix}$$

로 정의된 변환을 생각해 보면, 이것은 $f: R^3 \to R^2$의 선형변환이다. 일반적으로, A가 $m \times n$행렬일 때, R^n에서 R^m으로의 선형변환 f를 모든 $x' \in R^n$에 대하여

$$f(\vec{x}) = A\vec{x}$$

로 정의할 수 있다. 이때

$$\begin{aligned} f(\alpha x+\beta y) &= A(\alpha x+\beta y)=\alpha Ax+\beta Ay \\ &= \alpha f(x)+\beta f(y) \end{aligned}$$

이므로 f는 선형변환이다. 따라서 모든 $m\times n$ 행렬 A를 R^n에서 R^m으로의 선형변환으로 생각할 수 있다.

3.2 상과 핵

선형변환 $f: V\to W$에서 집합

$$\{f(a)\in W \mid a\in V\} \text{과} \quad \{a\in V \mid f(a)=0\}$$

을 각각 f의 **상**(image)과 **핵**(kernel)이라고 하고, $f(V)$, $\ker f$로 표시한다.

예를 들어, 선형변환의 행렬 A가

$$A = \begin{pmatrix} 1 & 2 & -1 \\ 0 & -1 & 1 \end{pmatrix}$$

이면, 선형변환 $f: V\to W$의 상은

$$f(V) = \{Ax\in W \mid x\in V\}$$

이다. 다음에 f의 핵을 구해 보자.

$$\ker f = \{x\in V \mid f(x)=0\}$$

이므로, $f(\vec{x}) = A\vec{x} = \vec{0}$의 해를 구하면 된다. 이것은 동차일차방정식이다.

$$\begin{aligned} x+2y-z &= 0 \\ -y+z &= 0 \end{aligned}$$

이것의 해는

$$\begin{pmatrix} 1 & 2 & -1 & 0 \\ 0 & -1 & 1 & 0 \end{pmatrix} \to \begin{pmatrix} 1 & 0 & 1 & 0 \\ 0 & 1 & -1 & 0 \end{pmatrix}$$

따라서

$$\begin{cases} x = -z \\ y = z \\ z\text{는 임의의 수} \end{cases} \qquad \text{또는} \qquad z\begin{pmatrix} -1 \\ 1 \\ 1 \end{pmatrix}$$

를 얻는다. 즉, $\ker f$ 는

$$\begin{pmatrix} -1 \\ 1 \\ 1 \end{pmatrix}$$

와 같은 방향과 크기를 갖는 임의의 벡터들의 전부이다.

$$\ker f = \left\{ c\begin{pmatrix} -1 \\ 1 \\ 1 \end{pmatrix} \mid c \in R \right\}$$

다음에 여기서 V의 상과 핵의 차원에 대해 알아보면

$$\dim V = 3, \quad \dim f(V) = \dim(Ax) = R(A) = 2,$$

$$\dim \ker f = 1$$

이다.

위의 사실을 일반화하면 다음 정리가 성립한다.

정리 5.1 선형변환 $f : V \to W$에 대하여

$$\dim V = \dim f(V) + \dim \ker f$$

[문]

$$\begin{pmatrix} 1 & -4 & 2 & 1 \\ 0 & 1 & 2 & -3 \\ 1 & -3 & 4 & -2 \end{pmatrix}$$

의 선형변환 $f : V \to W$의 핵과 $\dim \ker f$를 구하라.

4 일차변환

4.1 정의

벡터공간 V에서 벡터공간 V로의 선형변환 $f: V \to V$를 **일차변환**이라고 한다. 특히, 모든 $\vec{x} \in V$에 대하여

$$f(\vec{x}) = \vec{x} \qquad (5-6)$$

로 정의되면 f는 **항등변환**(identity transformation)이라고 한다. 또한 $f(\vec{x}) = \vec{0}$일 때를 **영변환**(null transformation)이라고 한다. **일차변환**(linear transformation)한 행렬을 **변환행렬**(trans- formation matrix)이라고 한다.

[문] 영변환의 예를 들어라.

일차변환은 변환행렬의 성질에 따라서 크게 둘로 구별된다.

❶ A가 정칙행렬일 때 일차변환 f는 1:1 대응이고

$$\dim \ker f = 0, \quad 즉 \quad \dim V = \dim f(V)$$

이다. 이때 f를 **정칙변환**(regular transformation)이라고 한다.

❷ A가 정칙행렬이 아닐 때, 일차변환 f는 1:1 대응이 아니고

$$\dim \ker f \geq 1 \quad 즉 \quad \dim V > \dim f(V)$$

이다.

정리 5.2 일차변환 f가 정칙변환인 역변환 f^{-1}의 변환행렬은 A^{-1}이다.

증명 $f(V) = \vec{y} = A(\vec{x})$의 역변환 $f^{-1}(\vec{y})$를 구하기 위하여 양변의 왼쪽에 A^{-1}를 곱한다. 즉

$$A^{-1}\vec{y} = A^{-1}A\vec{x} \to \vec{x} = A^{-1}\vec{y}$$

4.2 직교변환

n차 정칙행렬 중에서 각 행(열)벡터들이 n개의 서로 직교하는 단위벡터로 구성되어 있는 것을 **직교행렬**(orthogonal matrix)이라고 한다. 일차변환 $f(\vec{x}) = A\vec{x}$에서 변환 행렬 A가 직교행렬이면 변환 f를 **직교변환**(orthogonal transformation)이라고 한다. A가 직교행렬이면 각 행벡터들은 직교하므로

$$A'A = I, \quad \text{즉} \quad A' = A^{-1}$$

이다. 지금 직교좌표에서 회전을 이용하여 직교변환을 생각하자.

점 $P(x,\ y)$에서 θ각도를 회전해서 생긴 새로운 좌표를 $P'(x',\ y')$이라고 하면, 그것은 그림 5-2와 같이 P가 P'로 이동했을 때와 같다. 그림 8-2의 x', y'을 구하면,

$$x' = \gamma\cos(\alpha+\theta) \quad (\gamma = |\overline{OP}|,\ \angle POx = \alpha)$$
$$y' = \gamma\sin(\alpha+\theta)$$

따라서 삼각함수 가법정리를 이용하여

$$\cos(\alpha+\theta) = \cos\alpha\cos\theta - \sin\alpha\sin\theta$$
$$\sin(\alpha+\theta) = \sin\alpha\cos\theta + \cos\alpha\sin\theta$$
$$\gamma\cos\alpha = x, \quad \gamma\sin\alpha = y$$

를 이용하여

$$x' = x\cos\theta - y\sin\theta$$
$$y' = x\sin\theta + y\cos\theta$$

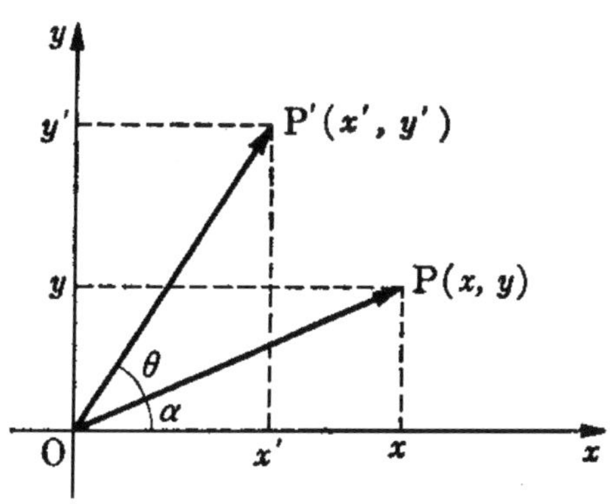

그림 5-2

가 된다. 여기서

$$\begin{pmatrix} x' \\ y' \end{pmatrix} = \begin{pmatrix} \cos\theta & -\sin\theta \\ \sin\theta & \cos\theta \end{pmatrix} \begin{pmatrix} x \\ y \end{pmatrix}$$

이므로 이변환은 일차변환이다. 이때 $\begin{pmatrix} \cos\theta & -\sin\theta \\ \sin\theta & \cos\theta \end{pmatrix}$는 직교행렬이다. 그러므로

$$\vec{y} = f(\vec{x}) = A\vec{x} = \begin{pmatrix} \cos\theta & -\sin\theta \\ \sin\theta & \cos\theta \end{pmatrix} \vec{x}$$

는 직교변환이다. 직교변환에 관해서 다음의 정리가 성립된다.

정리 5.3 A가 직교행렬이면

$$\| A\vec{x} \| = \| \vec{x} \| \qquad (5-7)$$

증명

$$\| A\vec{x} \|^2 = (A\vec{x})' A\vec{x} = \vec{x}' A' A\vec{x} = \vec{x}'\vec{x} = \| \vec{x} \|^2$$

이므로

$$\| A\vec{x} \| = \| \vec{x} \|$$

이 성립한다. 즉, 벡터의 절대치는 직교변환에 의하여 변하지 않는다. 따라서 평면 및 공간에 있어서 도형의 길이, 면적, 체적 등은 직교변환에 의하여 그 크기가 변하지 않는다.

[예 4] 식 (5-6)의 변환행렬을 갖고서 일차변환에서의 식 (5-7)이 성립되는 것을 보여라.

해

$$\begin{cases} x' = x\cos\theta - y\sin\theta \\ y' = x\sin\theta + y\cos\theta \end{cases}$$

따라서

$$\| \vec{y} \|^2 = x'^2 + y'^2 = (x\cos\theta - ysin\theta)^2 + (x\sin\theta + y\cos\theta)^2$$

$$= x^2\cos^2\theta + y^2\sin^2\theta - 2xy\sin\theta\cos\theta$$

$$+ x^2\sin^2\theta + y^2\cos^2\theta + 2xy\sin\theta\cos\theta$$

$$= x^2(\sin^2\theta + \cos^2\theta) + y^2(\sin^2\theta + \cos^2\theta)$$

$$= x^2 + y^2 = \| \vec{x} \|^2$$

이므로

$$\| \vec{y} \| = \| \vec{x} \|$$

이고

$$\| A\vec{x} \| = \| \vec{x} \|$$

이다.

연습문제

1 다음의 변환 f가 선형변환인지 조사하라.

(1) $f: R \to R^2, \quad f\begin{pmatrix} x \\ y \end{pmatrix} = \begin{pmatrix} x \\ 1 \end{pmatrix}$

(2) $f: R^3 \to R, \quad f\begin{pmatrix} x \\ y \end{pmatrix} = xy$

2

$$\begin{pmatrix} 1 & -4 & 2 & 1 \\ 0 & -1 & 2 & -3 \\ 0 & -3 & 4 & -2 \end{pmatrix}$$

이 선형변환 $f: R^4 \to R^3$를 만족할 때, 선형변환의 핵을 구하라.

3

$$A = \begin{pmatrix} 1 & -1 & 0 \\ 1 & 1 & 2 \\ 0 & 1 & 5 \end{pmatrix}$$

가 R^3의 일차변환 f임을 보이고, 역변환 f^{-1}를 구하라.

4 R^2의 일차변환

$$f : f\left(\begin{pmatrix} x \\ y \end{pmatrix}\right) = \begin{pmatrix} x \\ y \end{pmatrix} - (ax+by)\begin{pmatrix} a \\ b \end{pmatrix},$$

의 변환행렬을 구하고, 직교변환인 것을 보여라(단, $a^2 + b^2 = 2$).

6장

고유치와 고유벡터

1 고유치와 고유벡터

1.1 일차변환과 고유벡터

일차변환

$$\vec{y} = A\vec{x}$$

는 그림 6-1과 같이 벡터 $\vec{x} = (x,\ y)$를 $\vec{y} = (x',\ y')$로 변환하지만, 이러한 변환은 일반적으로 벡터의 길이도 변하고, $\vec{x}$와 $\vec{y}$의 교각($\angle \mathrm{POP'}$)도 $\vec{x}$가 취하는 방향에 따라서 변화하므로 일정하지 않다. 특히 $\| \vec{x} \| = \| \vec{y} \|$ 이고, $\angle \mathrm{POP'} = \theta$(일정)인 변환을 직교변환이라고 한다. 직교변환이 아닌 일반변환에서는 변환행렬 A가 일정해도 벡터 $\vec{x}$에 따라서 변환된 벡터 $\vec{y}$와의 교각 θ는 여러 가지로 변한다. 따라서 $\vec{x}$에 따라 $\theta = 0$, 즉 벡터의 방향이 변하지 않는 것이 있다고 볼 수 있다. 이럴 때 길이는 변해도 좋다고 하고, 이러한 벡터가 존재하면

$$A\vec{x} = \lambda\vec{x} \qquad (6\text{-}1)$$

를 만족하게 된다. 지금 식 (6-1)은 평면벡터에 대해서지만 공간벡터에 대해서도 마찬가지로 성립한다. 그래서 형식적인 n차원 벡터 $\vec{x}$와 n차원 정방행렬 A를 식 (6-1)에 적용하여 다음 정리를 얻는다.

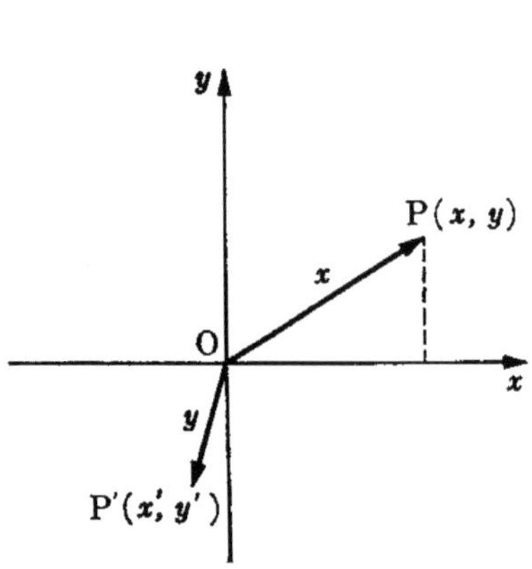

그림 6-1

정의 6.1

n차 정방행렬 A에 대해서

$$A\vec{x} = \lambda\vec{x} \quad (\lambda\text{는 스칼라})$$

를 만족할 때, λ를 행렬 A의 **고유치**(characteristic value, eigen value, latent root)라고 하고, $\vec{x}$를 **고유벡터**(characteristic vector, eigen vector)라고 한다.

1.2 고유치와 고유벡터를 구하는 방법

식 (6-1)을 만족하는 λ와 $\vec{x}$를 구해 보자. 이 경우에 일반형식으로 보면

$$\begin{aligned}
a_{11}x_1 + a_{12}x_2 + \cdots + a_{1n}x_n &= \lambda x_1 \\
a_{21}x_1 + a_{22}x_2 + \cdots + a_{2n}x_n &= \lambda x_2 \\
\cdots\cdots\cdots\cdots\cdots\cdots& \\
a_{n1}x_1 + a_{n2}x_2 + \cdots + a_{nn}x_n &= \lambda x_n
\end{aligned}$$

이것을

$$\begin{aligned}
(a_{11}-\lambda)x_1 + a_{12}x_2 + \cdots + a_{1n}x_n &= 0 \\
a_{21}x_1 + (a_{22}-\lambda)x_2 + \cdots + a_{2n}x_n &= 0 \\
\cdots\cdots\cdots\cdots\cdots\cdots& \\
a_{n1}x_1 + a_{n2}x_2 + \cdots + (a_{nn}-\lambda)x_n &= 0
\end{aligned} \qquad (6\text{-}2)$$

이므로 식 (6-2)는 동차일차방정식이다. 이 방정식이 자명하지 않은 해를 갖기 위해서는 왼쪽의 계수행렬의 행렬식 값이 0이면 된다. 따라서

$$\begin{vmatrix}
a_{11}-\lambda & a_{12} & \cdots\cdots & a_{1n} \\
a_{21} & a_{22}-\lambda & \cdots\cdots & a_{2n} \\
\cdots & \cdots & \cdots & \cdots \\
a_{n1} & a_{n2} & \cdots & a_{nn}-\lambda
\end{vmatrix} = 0$$

즉

$$|A-\lambda I| = 0 \tag{6-3}$$

이다. 이때 식 (6-3)을 **특성방정식**(characteristic equation)이라고 하고, 고유치는 특성방정식의 근으로서 구할 수 있다. 식 (6-3)은 n차 방정식이므로, n개의 근을 갖는다. 만약 고유치를 구하면, 그것을 식 (6-2)에 대입하여 동차일차방정식을 얻을 수 있다. 이 방정식의 해로서 고유벡터 $\vec{x}$를 구할 수 있는데, 고유치 λ가 n개 있으므로 그 각각에 대응하는 고유벡터 $\vec{x}$를 n개 얻는다.

지금 $A\vec{x} = \lambda\vec{x}$를 만족하는 고유치와 고유벡터가 있다고 하자. 예를 들어 $\vec{y} = c\vec{x}$ (c는 임의의 상수)라고 하자. 그러면

$$A\vec{x} = \lambda\vec{x}$$

의 양변에 c를 곱하면

$$cA\vec{x} = c\lambda\vec{x} \Rightarrow A(c\vec{x}) = \lambda(c\vec{x})$$

이므로,

$$A\vec{y} = \lambda\vec{y}$$

이고, $\vec{y}$도 고유벡터이다. 즉, 고유벡터의 크기는 임의이다. 고유치 λ는 특성방정식(n차 방정식)

$$|A-\lambda I| = 0$$

의 해이므로 A가 실수행렬이어도(특성방정식의 계수가 실수이어도) 그 근이 실근이라고는 할 수 없다. 고유값 λ가 복소수인 경우 대응하는 고유벡터 x는 복소수벡터이다.

[예 1] 행렬 A의 고유치를 λ, 고유벡터를 $\vec{x}$라고 하면,

(1) cA의 고유치는 $c\lambda$, 고유벡터는 $\vec{x}$이다.

(2) A^n의 고유치는 λ^n, 고유벡터는 $\vec{x}$이다.

(3) 행렬 A의 다항식 $f(A)$의 고유치는 $f(\lambda)$이다.

(4) 고유치의 합은 행렬 A의 고유화이고, 모든 고유치의 곱은 행렬식과 같다. 즉

$$\sum_{i=1}^{n}\lambda_i = tr(A)\text{이고, } \prod_{i=1}^{n}\lambda_i = |A|.$$

해 (1) $A\vec{x} = \lambda\vec{x}$의 양변에 c를 곱하면 $cA\vec{x} = c\lambda\vec{x}$

(2) $A^2\vec{x} = A(A\vec{x}) = A(\lambda\vec{x}) = \lambda A\vec{x} = \lambda^2\vec{x}$이고 $A^2\vec{x} = \lambda^2\vec{x}$이다.

(3) 예를 들어, $f(A) = A^3 + 7A^2 + A + 5I$인 경우를 생각하면 (2)에 의하여

$$A^3\vec{x} = \lambda^3\vec{x},\quad A^2\vec{x} = \lambda^2\vec{x},\quad A\vec{x} = \lambda\vec{x},\quad 5I\vec{x} = 5\vec{x}$$

이므로

$$(A^3 + 7A^2 + A + 5I)\vec{x} = \lambda^3\vec{x} + \lambda^2\vec{x} + \lambda\vec{x} + 5x = (\lambda^3 + \lambda^2 + \lambda + 5I)\vec{x}$$

이다. 따라서 $f(A)$에 대한 고유치는 $\lambda^3 + \lambda^2 + \lambda + 5I$, 즉, $f(\lambda)$가 된다. 이러한 사실로부터 임의의 다항식 $f(A)$에 대한 고유치가 $f(\lambda)$임을 알 수 있다.

(4) 3차 행렬의 특성방정식의 경우를 생각하면

$$\begin{vmatrix} a_{11}-\lambda & a_{12} & a_{13} \\ a_{21} & a_{22}-\lambda & a_{23} \\ a_{31} & a_{32} & a_{33}-\lambda \end{vmatrix} = 0$$

이다. 이를 4장 3.3절에서 설명한 것과 같이 $tr_i(A)$를 이용하여 표현하면

$$(-\lambda)^3 + (-\lambda)^2 tr_1(A) + (-\lambda)^1 tr_2(A) + |A| = 0$$

이다. n차 행렬의 경우는

$$(-\lambda)^n + (-\lambda)^{n-1} tr_1(A) + \cdots + (-\lambda)^1 tr_{n-1}(A) + tr_n(A) = 0$$

이다. 한편, n차 행렬의 고유치가 $\lambda_1,\ \lambda_2,\ \cdots,\ \lambda_n$이라고 하면, 위 식과 아래 식은 항등식이 될 것이다.

$$(\lambda_1 - \lambda)(\lambda_2 - \lambda)\cdots(\lambda_n - \lambda) = 0$$

이 식을 전개하면

$$(-\lambda)^n + (-\lambda)^{n-1}\sum\lambda_i + (-\lambda)^{n-2}\sum_{i \neq j}\lambda_i\lambda_j + \cdots + \prod_{i=1}^{n}\lambda_i = 0$$

이다. 따라서 두 식의 관계로부터

$$tr_1(A) = \sum\lambda_i \text{이고 } tr_n(A) = |A| = \prod_{i=1}^{n}\lambda_i$$

임을 알 수 있다. 수학적 귀납법으로 $A^n\vec{x} = \lambda^n\vec{x}$을 구할 수 있다.

[예 2]

$$A = \begin{pmatrix} 2 & -1 & 3 \\ 3 & -2 & 3 \\ -1 & 1 & -2 \end{pmatrix}$$

의 고유치와 고유벡터를 구하라.

해 특성방정식 $|A - \lambda I| = 0$의 해

$$\begin{vmatrix} 2-\lambda & -1 & 3 \\ 3 & -2-\lambda & 3 \\ -1 & 1 & -2-\lambda \end{vmatrix} = 0$$

계산하면

$$(2-\lambda)(2+\lambda)^2 + 3 + 9 - 3(2+\lambda) - 3(2+\lambda) - 3(2-\lambda) = 0$$

$$\lambda^2 + 2\lambda^2 - \lambda - 2 = 0,\ (\lambda+1)(\lambda-1)(\lambda+2) = 0$$

이므로 $\lambda = -1,\ 1,\ -2$이다.

(1) $\lambda_1 = 1$이면

$$(2-1)x - y + 3z = 0,\ 3x - (2+1)y + 3z = 0$$

의 해는 $x = y,\ z = 0$이다. $\lambda_1 = 1$에 대응하는 고유벡터는

$$\vec{x_1} = c\begin{pmatrix} 1 \\ 1 \\ 0 \end{pmatrix} \quad (c\text{는 임의의 수})$$

(2) $\lambda_2 = -1$에 대응하는 고유벡터는

$$\overrightarrow{x_2} = c\begin{pmatrix} -1 \\ 0 \\ 1 \end{pmatrix}$$

(3) $\lambda_3 = -2$이면

$$(2+2)x - y + 3z = 0$$
$$3x + 3z = 0$$

$x = -z,\ y = -z$에 대응하는 고유벡터는

$$\overrightarrow{x_3} = c\begin{pmatrix} -1 \\ -1 \\ 1 \end{pmatrix}$$

이다.

[예 3] 행렬

$$A = \begin{pmatrix} \cos\theta & -\sin\theta \\ \sin\theta & \cos\theta \end{pmatrix}$$

의 고유치와 고유벡터를 구하라.

해 이 행렬은 좌표축에 θ에 의해 회전하는 변환이므로, 이 변환에 의해서 방향이 변하지 않는 벡터는 존재하지 않는다. 따라서 이 행렬의 고유치, 고유벡터는 실수의 범위에서는 존재하지 않는다. 실제로

$$|A - \lambda I| = 0$$

의 해는

$$\begin{vmatrix} \cos\theta - \lambda & -\sin\theta \\ \sin\theta & \cos\theta - \lambda \end{vmatrix} = 0$$

정리하면 $(\cos\theta - \lambda)^2 + \sin^2\theta = 0$ 이고 $\lambda^2 - 2\lambda\cos\theta + 1 = 0$ 이므로

$$\lambda = \cos\theta \pm \sqrt{\cos^2\theta - 1} = \cos\theta \pm i\sin\theta$$

이다. 따라서 고유치는 $\cos\theta + i\sin\theta$와 $\cos\theta - i\sin\theta$이다. 고유치 $\cos\theta + i\sin\theta$

에 해당하는 고유벡터는

$$c\begin{pmatrix}1\\-i\end{pmatrix}$$

이고, 고유치 $\cos\theta - i\sin\theta$에 대응하는 고유벡터는

$$c\begin{pmatrix}1\\i\end{pmatrix}$$

이다.

주의 복소수근일 때는 2개의 고유치와 고유벡터는 각각 공약 복소수이다.

[예 4]

$$\begin{pmatrix}1 & 2\\2 & 3\end{pmatrix}$$

의 고유치와 고유벡터를 구하라.

해 $\begin{vmatrix}1-\lambda & 2\\2 & 3-\lambda\end{vmatrix} = 0 \Rightarrow \lambda^2 - 4\lambda - 1 = 0$

이므로 $\lambda = 2 \pm \sqrt{5}$ 이다.

(1) $\lambda = 2 + \sqrt{5}$ 일 때 $2x + (3 - 2 - \sqrt{5})y = 0$ 이므로 $x = \dfrac{\sqrt{5}-1}{2}y$ 이고, 고유벡터는

$$\overrightarrow{x_1} = c\begin{pmatrix}-\dfrac{\sqrt{5}-1}{2}\\1\end{pmatrix}$$

이다.

(2) $\lambda = 2 - \sqrt{5}$ 일 때 $2x + (3 - 2 + \sqrt{5})y = 0$ 이므로 $x = \dfrac{\sqrt{5}+1}{2}y$ 이고, 고유벡터는

$$\overrightarrow{x_2} = c\begin{pmatrix}-\dfrac{\sqrt{5}+1}{2}\\1\end{pmatrix}$$

이다.

[문] 다음 행렬의 고유치와 고유벡터를 구하라.

(1) $\begin{pmatrix} 1 & 2 \\ 4 & 3 \end{pmatrix}$ (2) $\begin{pmatrix} 2 & 1 \\ 0 & 3 \end{pmatrix}$

(3) $e^A = \sum_{i=1}^{\infty} \frac{A^i}{i!}$의 고유치는 e^{λ}임을 보여라.

(4) $\begin{pmatrix} 2 & -3 & 1 \\ 1 & -2 & 1 \\ -3 & 3 & -2 \end{pmatrix}$ (5) $\begin{pmatrix} 4 & -2 & 1 \\ 1 & 1 & 1 \\ -2 & 2 & 1 \end{pmatrix}$

1.3 고유치에 관한 제 정리

정리 6.1 A'의 고유치와 A의 고유치는 같다.

증명 특성방정식이 동일하다.

정리 6.2 C가 정칙행렬이면 $B = C'AC$와 A는 같은 고유치들을 갖는다. 이때, A와 B는 유사(similar)하다고 한다.

증명

$$|C^{-1}AC - \lambda I| = |C^{-1}AC - \lambda C^{-1}CC^{-1}C| = |C^{-1}(A-\lambda I)C|$$
$$= |C^{-1}|\,|A-\lambda I|\,|C| = |C^{-1}|\,|C|\,|A-\lambda I| = |A-\lambda I|$$

정리 6.3 A의 서로 다른 고유치 λ_1, $\lambda_2(\neq 0)$에 대응하는 고유벡터 $\overrightarrow{x_1}$, $\overrightarrow{x_2}$는 일차독립이다.

증명 만약 $\overrightarrow{x_1}$과 $\overrightarrow{x_2}$가 일차종속이라고 하면, $\overrightarrow{x_2} = k\overrightarrow{x_1}$이므로 k가 존재한다. 또한, 고유벡터의 크기는 임의이므로 $\overrightarrow{x_1} = \overrightarrow{x_2}$이라고 하면

$$A\overrightarrow{x_1} = \lambda_1\overrightarrow{x_1} = \lambda_2\overrightarrow{x_1}(= A\overrightarrow{x_2})$$

$$(\lambda_1 - \lambda_2)\overrightarrow{x_1} = 0 \rightarrow \lambda_1 = \lambda_2$$

가 되어서 $\lambda_1 \neq \lambda_2$의 가정에 모순이다. 따라서 $\overrightarrow{x_1}$과 $\overrightarrow{x_2}$는 일차독립이다.

> **정리 6.4** A가 대칭행렬이고, 고유치가 $\lambda_1 \neq \lambda_2 \neq 0$이면 대응하는 고유벡터 $\overrightarrow{x_1}$, $\overrightarrow{x_2}$는 직교한다($\overrightarrow{x_1} \perp \overrightarrow{x_2}$).

증명 $\lambda_1\overrightarrow{x_1} = A\overrightarrow{x_1}$의 양변의 왼쪽에 $\overrightarrow{x_2}'$를 곱하면 $\lambda_1 \overrightarrow{x_2}'\overrightarrow{x_1} = \overrightarrow{x_2}' A \overrightarrow{x_1}$ (양변을 전치하면)

$$\lambda_1\overrightarrow{x_1}'\overrightarrow{x_2} = \overrightarrow{x_1}'A\overrightarrow{x_2}(\because A' = A) = \overrightarrow{x_1}'(A\overrightarrow{x_2}) = \lambda_2\overrightarrow{x_1}'\overrightarrow{x_2}$$

이고 $(\lambda_1 - \lambda_2)\overrightarrow{x_1}'\overrightarrow{x_2} = 0$, $\lambda_1 - \lambda_2 \neq 0$ 이므로 $\overrightarrow{x_1}'\overrightarrow{x_2} = 0$ 이다. 따라서

$$\overrightarrow{x_1} \perp \overrightarrow{x_2}$$

> **정리 6.5** A가 n개의 서로 다른 고유치를 갖는다면, 거기에 대응하는 n개의 고유벡터로 만든 행렬 P는 다음과 같이 생각할 수 있다.
>
> $$P^{-1}AP = \begin{pmatrix} \lambda_1 & 0 & \cdots & 0 \\ 0 & \lambda_2 & \cdots & 0 \\ \cdots & \cdots & \cdots & \cdots \\ 0 & 0 & \cdots & \lambda_n \end{pmatrix} = \mathrm{diag}(\lambda_1, \lambda_2, \cdots, \lambda_n) = D$$
>
> 여기서 D의 대각성분은 고유치이다.

증명

$$P = (p_1, p_2, \cdots, p_n), \qquad P^{-1} = \begin{pmatrix} q_1' \\ q_2' \\ \vdots \\ q_n' \end{pmatrix}$$

이라고 하자.

$$P^{-1}AP = \begin{pmatrix} q_1' \\ q_2' \\ \vdots \\ q_n' \end{pmatrix} A(p_1,\ p_2,\ \cdots,\ p_n)$$

$$= \begin{pmatrix} q_1' \\ q_2' \\ \vdots \\ q_n' \end{pmatrix} (\lambda_1 p_1,\ \lambda_2 p_2,\ \cdots,\ \lambda_n p_n)$$

$$= \begin{pmatrix} \lambda_1 q_1' p_1 & \lambda_2 q_1' p_2 & \cdots & \lambda_n q_1' p_n \\ \lambda_1 q_2' p_1 & \lambda_2 q_2' p_2 & \cdots & \lambda_n q_2' p_n \\ \cdots & \cdots & \cdots & \cdots \\ \lambda_1 q_n' p_1 & \lambda_2 q_n' p_2 & \cdots & \lambda_n q_n' p_n \end{pmatrix}$$

$$= \begin{pmatrix} \lambda_1 & 0 & \cdots & 0 \\ 0 & \lambda_2 & \cdots & 0 \\ \vdots & & & \vdots \\ 0 & 0 & \cdots & \lambda_n \end{pmatrix} (q_i' p_i = 1,\ q_i' p_j = 0,\ i \neq j)$$

또한, n개의 고유치 중에 중복(중근)이 있을 때는 대각화를 할 수 없다.

정리 6.6 정리 6.5에서 A가 대칭행렬일 때, P는 직교행렬이라고 할 수 있으며, 이것을 이용하여

$$P'AP = D$$

이다.

정리 6.7 대칭행렬의 고유치는 실수이다.

증명 예 3의 주의에서처럼 복소수고유치, 고유벡터는 공액이다. 만약, 복소수고유치를 갖는 경우, 고유치를 λ로 그리고 그것의 공액 고유치를 $\bar{\lambda}$, 각각 대응되는 고유벡터를 $\vec{x}$, $\bar{\vec{x}}$라고 하면

$$\bar{\vec{x}}'(A\vec{x}) = \bar{\vec{x}}'\lambda\vec{x} = \lambda\bar{\vec{x}}'x = \lambda\|\vec{x}\|^2 \tag{6-4}$$

(복소수 벡터의 길이 $\|\vec{x}\|$는 $\sqrt{\bar{\vec{x}}'\vec{x}}$이다). 한편,

$$\vec{x}'A\vec{x} = (\vec{x}'A\vec{x})' = (\vec{x}'\overline{\lambda}\overline{\vec{x}})' = \overline{\lambda}\overline{\vec{x}}'x = \overline{\lambda}\|\vec{x}\|^2 \tag{6-5}$$

식 (6-4)와 (6-5)는 같으므로, (6-4) $-$(6-5) $=0$.

$(\lambda - \overline{\lambda})\|\vec{x}\|^2 = 0$ 이고, $|\vec{x}| \neq 0$이므로, $\lambda = \overline{\lambda}$ 이다.

그러므로 공액이 같은 것은 실수이다.

■ 참고

통계학이나 경제학에서 취급되는 문제는 A가 실대칭행렬인 경우가 거의 대부분이므로, 위의 정리에 의하여 고유치, 고유벡터는 실수의 범위에서 처리할 수 있다는 것을 알 수 있다.

정리 6.8 n차 방정식 A의 고유치를 $\lambda_i(i=1, \cdots, n)$로 하면

(1) A의 대각성분의 합 $\sum_{i=1}^{n} a_{ii} = tr(A) = \sum_{i=1}^{n}\lambda_i$

(2) $|A| = \prod_{i=1}^{n}\lambda_i$

이다.

증명

(1) $P^{-1}AP = D$가 되는 P가 있다.

$$P^{-1} = (q_{ij}),\ A = (a_{ij}),\ P = (p_{ij}),\ P^{-1}A = (b_{ij}),\ P^{-1}AP = (c_{ij})$$

라고 놓자. 그러면

$$b_{ij} = \sum_k q_{ik}a_{kj},\quad c_{ij} = \sum_{k=1}^{n} b_{il}p_{lj} = \sum_l\sum_k q_{ik}a_{kl}p_{lj}$$

이다. 따라서

$$\begin{aligned}\sum_i c_{ii} &= \sum_i \lambda_i \\ &= \sum_i\sum_l\sum_k q_{ik}a_{kl}p_{li} \\ &= \sum_k\sum_l a_{lk}\sum_i q_{ik}p_{li} = \sum_k a_{ii} = \ trA\end{aligned}$$

여기서

$$\sum_i q_{ik}p_{li} = \begin{cases} 1, & k=l \\ 0, & k \neq l \end{cases}$$

(2) $|P^{-1}AP| = |D| = \prod_{i=1}^{n} \lambda_i$이고, 한편

$$|P^{-1}AP| = |P^{-1}||P||A| = |P^{-1}||t|A| = |I|\cdot|A| = |A|$$

[예 5] 예 2로부터

$$\begin{pmatrix} 2 & -1 & 3 \\ 3 & -2 & 3 \\ -1 & 1 & -2 \end{pmatrix}$$

의 고유치와 고유벡터($c=1$이면)는

$$\lambda_1 = 1, \quad \overrightarrow{x_1} = \begin{pmatrix} 1 \\ 1 \\ 0 \end{pmatrix}$$

$$\lambda_2 = -1, \quad \overrightarrow{x_2} = \begin{pmatrix} -1 \\ 0 \\ 1 \end{pmatrix}$$

$$\lambda_3 = -2, \quad \overrightarrow{x_3} = \begin{pmatrix} -1 \\ -1 \\ 1 \end{pmatrix}$$

이었다. 고유벡터로 만든 행렬

$$P = (\overrightarrow{x_1}, \overrightarrow{x_2}, \overrightarrow{x_3}) = \begin{pmatrix} 1 & -1 & -1 \\ 1 & 0 & -1 \\ 0 & 1 & 1 \end{pmatrix}$$

의 역행렬을 먼저 구한다.

$$P^{-1} = \begin{pmatrix} 1 & 0 & 1 \\ -1 & 1 & 0 \\ 1 & -1 & 1 \end{pmatrix}$$

$$P^{-1}AP = \begin{pmatrix} 1 & 0 & 1 \\ -1 & 1 & 0 \\ 1 & -1 & 1 \end{pmatrix} \begin{pmatrix} 2 & -1 & 3 \\ 3 & -2 & 3 \\ -1 & 1 & -2 \end{pmatrix} \begin{pmatrix} 1 & -1 & -1 \\ 1 & 0 & -1 \\ 0 & 1 & 1 \end{pmatrix}$$

$$= \begin{pmatrix} 1 & 0 & 1 \\ 1 & -1 & 0 \\ -2 & 2 & -2 \end{pmatrix} \begin{pmatrix} 1 & -1 & -1 \\ 1 & 0 & -1 \\ 0 & 1 & 1 \end{pmatrix}$$

$$= \begin{pmatrix} 1 & 0 & 0 \\ 0 & -1 & 0 \\ 0 & 0 & -2 \end{pmatrix} \Leftrightarrow \begin{pmatrix} \lambda_1 & 0 & 0 \\ 0 & \lambda_2 & 0 \\ 0 & 0 & \lambda_3 \end{pmatrix}$$

1.4 R을 이용한 고유치와 고유벡터 계산

R에서 고유치와 고유벡터는 eigen 함수로 구한다. 이 함수는 리스트를 반환하는데, 성분 values는 고유치를 나타내고 성분 vectors는 고유벡터를 나타낸다. 다음은 예제 2를 eigen 함수를 이용해서 구한 것이다.

```
>
> A <- matrix(c(2,3,-1,-1,-2,1,3,3,-2), ncol=3)
> A
     [,1] [,2] [,3]
[1,]    2   -1    3
[2,]    3   -2    3
[3,]   -1    1   -2
> eA <- eigen(A)
> eA
$values
[1] -2 -1  1

$vectors
           [,1]          [,2]          [,3]
[1,]  0.5773503 -7.071068e-01 -7.071068e-01
[2,]  0.5773503 -1.646130e-16 -7.071068e-01
[3,] -0.5773503  7.071068e-01 -1.108326e-16

> A %*% eA$vectors[,1]
          [,1]
[1,] -1.154701
[2,] -1.154701
[3,]  1.154701

> eA$values[1]*eA$vectors[,1]
[1] -1.154701 -1.154701  1.154701
>
> t(eA$vectors[,1]) %*% eA$vectors[,1]
     [,1]
```

```
[1,]    1
> t(eA$vectors[,2]) %*% eA$vectors[,2]
     [,1]
[1,]    1
> t(eA$vectors[,3]) %*% eA$vectors[,3]
     [,1]
[1,]    1
> sum(diag(A))
[1] -2
> sum(eA$values)
[1] -2
> det(A)
[1] 2
> prod(eA$values)
[1] 2
>
```

결과를 보면 행렬 $\begin{pmatrix} 2 & -1 & 3 \\ 3 & -2 & 3 \\ -1 & 1 & -2 \end{pmatrix}$의 고유치는 -2, −1, 1이다. 따라서 고유치 -2에 해당하는 고유벡터는 $\begin{pmatrix} 0.5773503 \\ 05773503 \\ -0.5773503 \end{pmatrix}$이고, 고유치 -1에 해당하는 고유벡터는 $\begin{pmatrix} -7.071068e-01 \\ -1.646130e-16 \\ 7.071068e-01 \end{pmatrix}$이고, 고유치 1에 해당하는 고유벡터는 $\begin{pmatrix} -7.071068e-01 \\ 7.071068e-01 \\ -1.108326e-16 \end{pmatrix}$이다. 고유벡터는 여러 개가 있을 수 있는데 R에서는 **크기**(norm)가 1인 고유벡터를 구한다. 결과부터 세 고유벡터의 크기가 각각 1인 것을 알 수 있다. 또한 결과로부터 $Au = \lambda u$가 성립함을 알 수 있다. 또한 행렬의 고유치의 합은 행렬의 **고유화**(trace)와 같고 모든 고유치의 곱은 행렬식과 같다는 것을 결과로부터 확인할 수 있다.

마찬가지로

❶ $X = \begin{pmatrix} 1 & 4 \\ 9 & 1 \end{pmatrix}$

```
> X<-matrix(c(1,4,9,1),2,2,byrow=T)
> X
     [,1] [,2]
[1,]    1    4
[2,]    9    1

> eigen(X)
$values
[1]  7 -5
```

```
$vectors
      [,1]   [,2]
[1,] 0.555 -0.555
[2,] 0.832  0.832
```

특성방정식으로 확인하면

```
> eigen(X)$values[1]*eigen(X)$vectors[,1]
[1] 3.88 5.82

> X%*%eigen(X)$vectors[,1]
     [,1]
[1,] 3.88
[2,] 5.82
```

❷ $X=\begin{pmatrix}2&1&1\\1&2&1\\1&1&2\end{pmatrix}$

```
> X<-matrix(c(2,1,1,1,2,1,1,1,2),3,3,byrow=T)
> X
     [,1] [,2] [,3]
[1,]    2    1    1
[2,]    1    2    1
[3,]    1    1    2

> eigen(X)
$values
[1] 4 1 1

$vectors
       [,1]   [,2]   [,3]
[1,] -0.577  0.000  0.816
[2,] -0.577 -0.707 -0.408
[3,] -0.577  0.707 -0.408
```

특성방정식으로 확인하면

```
> eigen(X)$values[1]*eigen(X)$vectors[,1]
[1] -2.31 -2.31 -2.31

> X%*%eigen(X)$vectors[,1]
      [,1]
[1,] -2.31
[2,] -2.31
[3,] -2.31
```

❸ 동시에 특성방정식으로 확인하려면

```
> options(digits=3)
>
> X<-matrix(c(2,1,1,1,2,1,1,1,2),3,3,byrow=T)
> X
     [,1] [,2] [,3]
[1,]    2    1    1
[2,]    1    2    1
[3,]    1    1    2
>
> one<-matrix((rep(1,3)),3,1)
> one
     [,1]
[1,]    1
[2,]    1
[3,]    1
>
> eigen(X)$values
[1] 4 1 1
> one%*%eigen(X)$values
     [,1] [,2] [,3]
[1,]    4    1    1
[2,]    4    1    1
[3,]    4    1    1
>
> X%*%eigen(X)$vectors
      [,1]      [,2]   [,3]
[1,] -2.31  1.11e-16  0.816
[2,] -2.31 -7.07e-01 -0.408
[3,] -2.31  7.07e-01 -0.408
> one%*%eigen(X)$values*eigen(X)$vectors
      [,1]   [,2]   [,3]
[1,] -2.31  0.000  0.816
[2,] -2.31 -0.707 -0.408
[3,] -2.31  0.707 -0.408
```

❹ 행렬 A가 대칭행렬이 아닌 경우에는 고유치가 실수이거나 아닐 수 있다. 예를 들어

$$A = \begin{pmatrix} 0 & -1 \\ 1 & 0 \end{pmatrix}$$

의 고유치는 방정식 $\lambda^2 + 1 = 0$로부터 $\pm\sqrt{-1}$이다. 또한 R은 복소수를 나타내므로 다음과 같다. 여기서 $i = \sqrt{-1}$이다.

```
> A<-matrix(c(0,-1,1,0),2,2)
> eigen(A)
$values
[1] 0+1i 0-1i

$vectors
             [,1]         [,2]
[1,] 0.707+0.000i 0.707+0.000i
[2,] 0.000+0.707i 0.000-0.707i
```

❺ 비대칭행렬 $X=\begin{pmatrix}1&4\\9&1\end{pmatrix}$의 고유벡터

```
> X<-matrix(c(1,4,9,1),2,2,byrow=T)
> X
     [,1] [,2]
[1,]    1    4
[2,]    9    1

> eigen(X)
$values
[1]  7 -5

$vectors
      [,1]   [,2]
[1,] 0.555 -0.555
[2,] 0.832  0.832

> eigen(t(X))
$values
[1]  7 -5

$vectors
      [,1]   [,2]
[1,] 0.832 -0.832
[2,] 0.555  0.555


> t(eigen(X)$vectors[,1])%*%eigen(t(X))$vectors[,2]
         [,1]
[1,] -4.5e-17
>
```

2 이차형식

2.1 정의

정의 6.2

A는 n차 정방행렬이고, $\vec{x}$는 n차원 벡터로서

$$F(x) = \vec{x}' A \vec{x} \tag{6-6}$$

를 **이차형식**(quadratic form)이라 부른다.

$$\vec{x}' A \vec{x} = \sum_{i=1}^{n}\sum_{j=1}^{n} a_{ij}x_i x_j = \sum_{j=1}^{n} a_{ii}x_i^2 + \sum_{i<j}^{n}(a_{ij}+a_{ji})x_i x_j$$

가 된다. 주어진 $\vec{x}$의 이차형식을 나타내는 정방행렬 A는 유일하지 않다. 그러나 유일한 행렬은 대칭행렬이다. 따라서 대칭행렬이 아닐 때는 $\frac{1}{2}(A+A')$이 대칭행렬이므로 $\vec{x}'A\vec{x}$를 $\vec{x}'[\frac{1}{2}(A+A')]x$로 고쳐 쓰면 대칭행렬이 이차형식이 된다. 여기서

$$A = \begin{pmatrix} a_{11} & \cdots\cdots & a_{1n} \\ \vdots & & \vdots \\ a_{n1} & \cdots\cdots & a_{nn} \end{pmatrix}$$

이고

$$a_{ij} = a_{ji}, \quad \vec{x} = \begin{pmatrix} x_1 \\ \vdots \\ x_n \end{pmatrix}$$

으로

$$F(x) = \vec{x}' A \vec{x} = \sum_{j=1}^{n} a_{ii}x_i^2 + 2\sum_{i<j} a_{ij}x_i x_j \tag{6-7}$$

이다. 여기서 $\vec{x}' A\vec{x}$은 스칼라이고 대칭이기 때문에 $\vec{x}' A\vec{x} = (\vec{x}' A\vec{x})' = \vec{x}' A'\vec{x}$이다. 따라서

$$\vec{x}' A\vec{x} = \frac{1}{2}(\vec{x}' A\vec{x} + \vec{x}' A'\vec{x}) = \frac{1}{2}\vec{x}'(A+A')\vec{x}$$

이고 $\frac{1}{2}(A+A')$은 대칭이다.

$\vec{x}' A\vec{x} > 0$이면 행렬 A는 **양정치**(positive definite)라고 하고, $\vec{x}' A\vec{x} \geq 0$이면 **양반정치**(positive semi-definite)라고 한다. 마찬가지로 $\vec{x}' A\vec{x} < 0$이면 행렬 A는 **음정치**(negative definite)라고 하고, $\vec{x}' A\vec{x} \leq 0$이면 행렬 A는 **음반정치**(negative semi-definite)라고 한다.

예를 들어 이차형식이

(1) $F_1(x,y) = x^2 + y^2 > 0$은 $x = y = 0$일 때, 0이고 양정치이다.

(2) $F_2(x,y) = -x^2 - y^2 < 0$은 $x = y = 0$일 때, 0이고 음정치이다.

(3) $F_3(x,y) = x^2 - y^2$은 $y = 0$일 때 $F_3(x,y) > 0$이고, $x = 0$일 때 $F_3(x,y) < 0$이므로 indefinite이다.

(4) $F_4(x,y) = (x+y)^2 > 0$이어도 $x = y = 0$일 때 0이고 $x = -y$일 때도 0이다. 따라서 양반정치이다. 이것을 R에서 나타나는 그림으로 보자.

```
> par(mfrow=c(2,2))
> x=seq(-3,3,by=0.2)
> y=seq(-3,3,by=0.2)
> f=function(x,y){x^2 +y^2}
> z=outer(x,y,f)
> persp(x,y,z, main="positive definite quadratic form")
>
>  f=function(x,y){-x^2 -y^2}
> z=outer(x,y,f)
>  persp(x,y,z, main="negative definite quadratic form")
>
>  f=function(x,y){x^2 -y^2}
>  z=outer(x,y,f)
> persp(x,y,z, main="indefinite quadratic form")
>
> f=function(x,y){(x+y)^2}
> z=outer(x,y,f)
>  persp(x,y,z, main="positive semidefinite quadratic form")
```

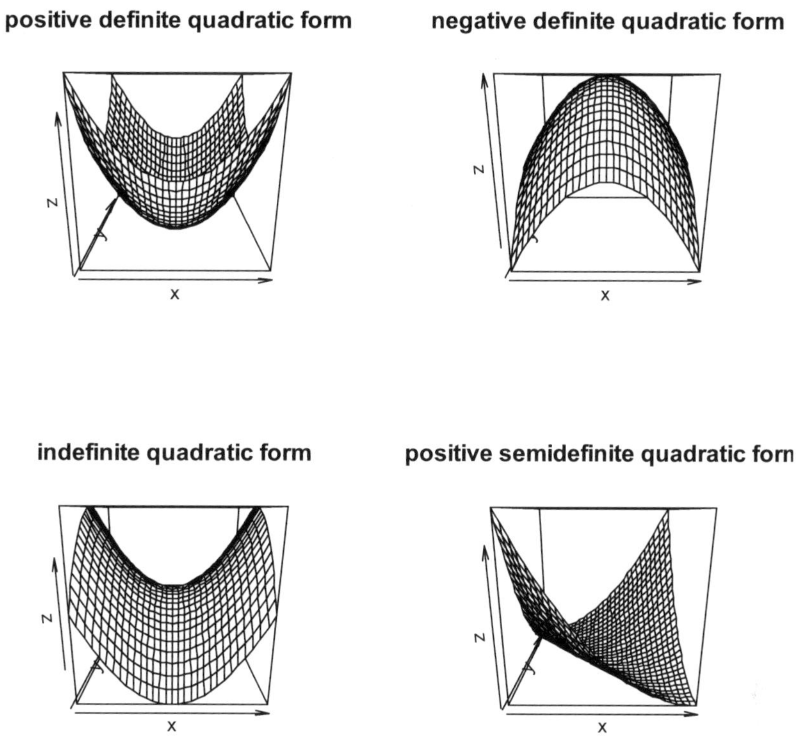

그림 $F_1(x,y) \sim F_4(x,y)$의 4개의 이차형식에 대한 3차원 그림

[예 6] 예를 들어 $n=3$이면

$$\begin{aligned}\vec{x}' A \vec{x} &= a_{11}x_1^2 + a_{22}x_2^2 + a_{33}x_3^2 \\ &\quad + a_{12}x_1x_2 + a_{21}x_2x_1 + a_{13}x_1x_3 + a_{31}x_3x_1 + a_{23}x_2x_3 + a_{32}x_3x_2 \\ &= a_{11}x_1^2 + a_{22}x_2^2 + a_{33}x_3^2 \\ &\quad + (a_{12}+a_{21})x_1x_2 + (a_{13}+a_{31})x_1x_3 + (a_{23}+a_{32})x_2x_3 \\ &= \frac{1}{2}\vec{x}'(A+A')\vec{x}\end{aligned}$$

이고 만약 $A = \begin{pmatrix} 1 & 4 & 7 \\ 2 & 5 & 8 \\ 3 & 5 & 9 \end{pmatrix}$이면

$$\begin{aligned}\vec{x}' A \vec{x} &= x_1^2 + 5x_2^2 + 9x_3^2 + 10x_1x_3 + 13x_2x_3 \\ &= x_1^2 + 5x_2^2 + 9x_3^2 + 2\times 3x_1x_2 + 2\times 5x_1x_3 + 2\times 6.5x_2x_3\end{aligned}$$

이므로 행렬 A 대신에 대칭행렬 $\begin{pmatrix} 1 & 3 & 5 \\ 3 & 5 & 6.5 \\ 5 & 6.5 & 9 \end{pmatrix}$로 바뀐다.

[예 7]

(1) $F(x_1,\ x_2) = x_1^2 + 2x_2^2 = (x_1 x_2)\begin{pmatrix}1 & 0\\0 & 2\end{pmatrix}\begin{pmatrix}x_1\\x_2\end{pmatrix}$

(2) $F(x_1,\ x_2) = 2x_1x_2 = (x_1 x_2)\begin{pmatrix}0 & 1\\1 & 0\end{pmatrix}\begin{pmatrix}x_1\\x_2\end{pmatrix}$

(3) $F(x_1,\ x_2) = 5x_1^2 - 4x_1x_2 + 2x_2^2 = (x_1 x_2)\begin{pmatrix}5 & -2\\-2 & 2\end{pmatrix}\begin{pmatrix}x_1\\x_2\end{pmatrix}$

(4) $F(x_1,\ x_2,\ x_3) = 3x_1^2 + x_2^2 - x_3^2 - 2x_1x_2 + 2x_1x_3 + 4x_2x_3$

$$= (x_1 x_2 x_3)\begin{pmatrix}3 & -1 & 1\\-1 & 1 & 2\\1 & 2 & -1\end{pmatrix}\begin{pmatrix}x_1\\x_2\\x_3\end{pmatrix}$$

2.2 표준형

앞에서 언급한 정리 6.5의 P(A의 고유벡터로 만든 직교행렬)를 사용하여

$$\vec{x} = P\vec{y} \tag{6-8}$$

로 변환을 행하여

$$\vec{x}' A\vec{x} = (P\vec{y})' AP\vec{y} = \vec{y}' P' A P\vec{y} = \vec{y}' D\vec{y} = \sum_{i=1}^{n}\lambda_i y_i^2 \tag{6-9}$$

이것을 이차형식의 **표준형**(canonical form)이라고 한다.

[예 8] $F(x_1,\ x_2) = 2x_1x_2$을 표준화하여라.

이차형식의 행렬은

$$\begin{pmatrix}0 & 1\\1 & 0\end{pmatrix}$$

이므로, 이 행렬의 고유치를 구한다.

$$\begin{vmatrix}-\lambda & 1\\1 & -\lambda\end{vmatrix} = 0 \to \lambda^2 = 1,\ \lambda = \pm 1$$

$\lambda = 1$일 때, 고유벡터는 $\vec{x_1} = \vec{x_2}$이므로, 즉 $\overrightarrow{x'_{1=c(1,\ 1)}}$이지만 길이를 1로 하면

$$\vec{x_1} = \begin{pmatrix} \frac{1}{\sqrt{2}} \\ \frac{1}{\sqrt{2}} \end{pmatrix}$$

$\lambda = -1$일 때, 고유벡터는

$$\vec{x_1} = \begin{pmatrix} \frac{1}{\sqrt{2}} \\ -\frac{1}{\sqrt{2}} \end{pmatrix}$$

따라서

$$P = \begin{pmatrix} \frac{1}{\sqrt{2}} & \frac{1}{\sqrt{2}} \\ \frac{1}{\sqrt{2}} & -\frac{1}{\sqrt{2}} \end{pmatrix}$$

이고 $\vec{x} = P\vec{y}$의 변환에 의해서

$$\vec{x}' A\vec{x} = 2x_1x_2 = \vec{y}' P' AP\vec{y} = (y_1,\ y_2)\begin{pmatrix} 1 & 0 \\ 0 & -1 \end{pmatrix}\begin{pmatrix} y_1 \\ y_2 \end{pmatrix}$$

실제로 $\vec{x} = P\vec{y}$로부터 $\vec{y} = P^{-1}\vec{x}$이므로

$$\begin{pmatrix} y_1 \\ y_2 \end{pmatrix} = \begin{pmatrix} \frac{1}{\sqrt{2}} & \frac{1}{\sqrt{2}} \\ \frac{1}{\sqrt{2}} & -\frac{1}{\sqrt{2}} \end{pmatrix}\begin{pmatrix} x_1 \\ x_2 \end{pmatrix} = \frac{1}{\sqrt{2}}\begin{pmatrix} x_1 + x_2 \\ x_1 - x_2 \end{pmatrix}$$

$$y_1^2 - y_2^2 = 2x_1x_2$$

[문] $5x_1^2 - 4x_1x_2 + 2x_2^2$을 표준화하여라.

2.3 양(음)정치 이차형식

이차형식은 표준화에 의하여

$$F(x) = \lambda_1 y_1^2 + \lambda_2 y_2^2 + \cdots + \lambda_n y_n^2$$

이 되므로, A의 고유치 λ_i가 모두 양(음)이면 x에 관계없이 $F(x)$는 항상 양(음)이다. 이때 양(음)정치 이차형식이라고 한다.

> **정리 6.9** A의 고유치 전부가 양(음)이면 **양(음)정치 이차형식**이다. 만일, 고유치가 0을 포함하면, 이차형식의 값이 0이 될 때가 있으므로 $\lambda_i \geqq 0$이면 **양반정치 이차형식**(positive semi-definite quadratic form), $\lambda_i \leqq 0$이면 **음반정치 이차형식**(negative semi-definite quadratic form)이라고 한다.

양(음)정치 이차형식에 있어서 행렬과 행렬식에 관한 다음 관계를 알 수 있다. 행렬 A의 좌상부터 택한 소행렬식을 $|A_k|$이라고 하면 이것을 **주행렬식**이라고 한다. 즉

$$A = \begin{pmatrix} a_{11} \cdots\cdots & a_{1n} \\ \vdots & \vdots \\ a_{n1} \cdots\cdots & a_{nn} \end{pmatrix}, \quad A_k = \begin{pmatrix} a_{11} \cdots\cdots & a_{1k} \\ a_{k1} \cdots\cdots & a_{kk} \end{pmatrix}$$

> **정리 6.10** 이차형식의 행렬을 A, $|A_k|$를 주행렬식이라고 할 때, 다음 관계가 성립한다.
>
> • $|A_k| > 0$; $k = 1, \cdots, n$ $\Leftrightarrow$ 양정치 이차형식($\geqq 0$이면 양반정치)
>
> • $(-1)^k |A_k| > 0$; $k = 1, \cdots, n$ $\Leftrightarrow$ 음정치 이차형식($\geqq 0$이면 음반정치)

증명 A에 따른 이차형식이 양정치이면 $|A| > 0$를 나타낸다.

$$|P'AP| = |P'||P||A'| = |P'P|\ |A| = |I||A| = |A| = |D|$$

$$|D| = \lambda_1 \lambda_2 \cdots \lambda_n > 0$$

[문] 정리 6.10의 나머지를 증명하여라.

[예 9] $x_1^2 + 2x_1x_2 + ax_2^2$의 양정치이기 위한 a의 범위를 구하라.

해 이차형식의 행렬 A는

$$A = \begin{pmatrix} 1 & a \\ a & a \end{pmatrix}$$

이다. 정리 6.10에 의해

$$|A| = a - a^2 = a(1-a) > 0$$

이 성립하기 위해 a의 범위는 $0 < a < 1$이다.

[예 10] 평방합 $\sum_{i=1}^{n}(x_i - \overline{x})^2$은 양반정치 이차형식이다.

해

$$\sum_{i=1}^{n}(x_i - \overline{x})^2 = \vec{x}' C \vec{x}, \quad C = I - \overline{J_n} = I - \frac{1}{n} J_n$$

이다. 이때, $x_1 = x_2 = \cdots = x_n = 0$이거나, $x_1 = x_2 = \cdots = x_n$일 때 $\vec{x}' C \vec{x} = 0$이므로, 양반정치 이차형식이며, 행렬 C는 양반정치행렬이다.

[예 11] 이차형식에서 행렬 A가 양정치행렬임을 보여라.

$$\begin{aligned} 3x_1^2 + 2x_2^2 - 2\sqrt{2}\, x_1 x_2 &= (x_1\ x_2)\begin{pmatrix} 3 & -\sqrt{2} \\ -\sqrt{2} & 2 \end{pmatrix}\begin{pmatrix} x_1 \\ x_2 \end{pmatrix} \\ &= \vec{x}' A \vec{x} \end{aligned}$$

해 특성방정식

$$(3-\lambda)(2-\lambda) - 2 = 0$$

을 풀어서 고유치를 구하면 $\lambda_1 = 4, \lambda_2 = 1$ 이다. 각 고유치에 대응하는 정규고유벡터를 e_1, e_2라고 하면

$$A = 4e_1 e_1' + e_2 e_2'$$

가 된다. 따라서

$$y = Ex = \begin{pmatrix} e_1' x \\ e_2' x \end{pmatrix} = \begin{pmatrix} x' e_1 \\ x' e_2 \end{pmatrix} = \begin{pmatrix} y_1 \\ y_2 \end{pmatrix}$$

라고 하면

$$\vec{x}' A \vec{x} = 4x' e_1 e_1' x + x' e_2 e_2' x = 4y_1^2 y_2^2 \geq 0$$

이고 $0 \neq \vec{x} = E' y$이면 $y \neq 0$이므로 행렬 A는 양정치행렬이다.

연습문제

1 다음 행렬 A, P가

$$A = \begin{pmatrix} -1 & -5 & -1 \\ 2 & 4 & 0 \\ -4 & -8 & 0 \end{pmatrix}, \qquad P = \begin{pmatrix} 1 & 3 & 2 \\ -1 & -2 & -1 \\ 2 & 4 & 3 \end{pmatrix}$$

일 때 $P^{-1}AP$를 구하라.

2 고유치 λ_1가 주어질 때 행렬을 만드는 법을 생각하고, 특히 고유치가 1, 2, 3인 경우에 행렬(대각행렬을 제외)을 만들어라.

3 다음 행렬을 대각화하라.

(1) $\begin{pmatrix} 2 & -1 & 1 \\ -1 & 2 & 1 \\ 1 & 1 & 2 \end{pmatrix}$ (2) $\begin{pmatrix} -2 & 3 & -1 \\ -1 & 2 & -1 \\ 3 & -3 & 2 \end{pmatrix}$

4 $A^2 = A$의 고유치를 구하라.

5 이차형식 $F(x_1,\ x_2,\ x_3) = x_1^2 + x_2^2 + x_3^2 - 2x_{1x_2} + 2x_1x_3$을 표준화하라.

6 $F(x_1,\ x_2,\ x_3) = 3x_1^2 + 2x_2^2 + 2x_3^2 - 2x_{1x_2} + 2x_1x_3 + 2x_2x_3$를 양정치 이차 형식이라고 할 수 있는가?

7 $\vec{x}' = [1\ 3\ 5\ 7\ 9]$일 때, 다음을 만족하는 대칭행렬 A, B, C를 구하라.

(1) $1^2 + 3^2 + 5^2 + 7^2 + 9^2 = \vec{x}' A \vec{x}$

(2) $\dfrac{(1+3+5+7+9)^2}{5} = \vec{x}' B \vec{x}$

(3) $(1-5)^2 + (3-5)^2 + (5-5)^2 + (7-5)^2 + (9-5)^2 = \vec{x}' C \vec{x}$

8 다음 행렬들의 고유치와 고유벡터를 구하라.

(1) $\begin{pmatrix} 2 & 7 & 1 \\ 2 & 3 & 8 \\ 9 & 4 & 4 \end{pmatrix}$ (2) $\begin{pmatrix} 2 & -2 & 3 \\ 10 & -4 & 5 \\ 5 & -4 & 6 \end{pmatrix}$ (3) $\begin{pmatrix} 1 & 4 & 1 \\ 2 & 1 & 0 \\ -1 & 3 & 1 \end{pmatrix}$

(4) $\begin{pmatrix} 7 & 4 & -1 \\ 4 & 7 & -1 \\ -4 & -4 & 4 \end{pmatrix}$ (5) $\begin{pmatrix} 9 & 15 & 3 \\ 6 & 10 & 2 \\ 3 & 5 & 1 \end{pmatrix}$ (6) $\begin{pmatrix} 4 & -2 & 0 \\ -2 & 3 & -2 \\ 0 & -2 & 2 \end{pmatrix}$

(7) $\begin{pmatrix} 1 & 2 & 1 \\ 1 & 1 & 4 \\ 2 & -4 & 1 \end{pmatrix}$ (8) $\begin{pmatrix} -1 & -2 & 1 \\ -2 & 2 & -2 \\ 1 & -2 & -1 \end{pmatrix}$ (9) $\begin{pmatrix} 1 & 4 & 2 \\ 4 & 1 & 2 \\ 8 & 8 & 1 \end{pmatrix}$

9 B의 고유치가 λ일 때, $B^2 + B$의 고유치를 구하라.

10 $\begin{pmatrix} a & b \\ c & d \end{pmatrix}$의 고유치가 각각 λ_1, λ_2일 때, 그에 대응하는 고유벡터는

$$\begin{pmatrix} -b \\ a-\lambda_1 \end{pmatrix}, \begin{pmatrix} -b \\ a-\lambda_2 \end{pmatrix}$$

임을 보여라.

11 n차 행렬 A의 고유치가 $\lambda_1, \lambda_2, \cdots, \lambda_n$일 때, $\sum_{i=1}^{n}\sum_{j=1}^{n} a_{ij}^2 = \sum_{k=1}^{n} \lambda_k^2$임을 보여라.

12 행렬 A가 대칭이고 멱등행렬일 때, 다음을 증명하라.

(1) 고유치는 0 아니면 1이다.

(2) 고유화(trace)는 계수(rank)와 같다.

13 행렬 A가 멱등행렬일 때, 다음을 설명하라.

(1) A^k의 고유치는 A의 고유치와 같다.

(2) A^k의 계수(rank)는 A의 계수와 같다.

(3) A의 차수가 n이면 $r(I-A) = n - r(A)$이다.

연습문제 해답

2장 벡터와 행렬

11. (1) $\begin{pmatrix} 8 & -5 & 10 \\ -3 & 0 & -1 \end{pmatrix}$

(2) $\begin{pmatrix} 0 \\ -2 \\ -13 \end{pmatrix}$

13. $(a+b)^2 = 1$

14. $a \neq 0, \ \neq \dfrac{3}{2}$

15. $\dfrac{1}{2}\begin{pmatrix} (A+B)^{-1} + (A-B)^{-1} & (A+B)^{-1} - (A-B)^{-1} \\ (A+B)^{-1} - (A-B)^{-1} & (A+B)^{-1} + (A+B)^{-1} \end{pmatrix}$

3장 연립일차방정식의 해법

1. (1) $R=3, \ \begin{pmatrix} -2 & -1 & 0.5 \\ 0 & -1 & -1 \\ 1 & 1 & 0.5 \end{pmatrix}$

(2) $R=3, \ \dfrac{1}{4}\begin{pmatrix} 3 & 0 & 1 \\ -6 & 4 & -2 \\ -1 & 0 & 1 \end{pmatrix}$

(3) $R=2$, 역행렬이 존재하지 않는다.

2. (1) $x_{1=-1-2x_4}, \ x_2 = 1 + x_4, x_3 = -1 + x_4, x_4$는 임의의 수

(2) $x_1 = \dfrac{13}{3} - \dfrac{4}{3}x_4, \ x_2 = 5 - x_4, x_3 = \dfrac{5}{3} - \dfrac{2}{3}x_4, x_4$는 임의의 수

3. $a = -1$

4장 행렬식

1. (1) -2, $\begin{pmatrix} -1 & -2.5 & 3 \\ 2 & 8.5 & -10 \\ -1 & -5 & 6 \end{pmatrix}$

   (2) -14, $\dfrac{1}{14}\begin{pmatrix} -12 & 16 & -6 \\ 23 & -12 & 1 \\ -5 & 3 & 1 \end{pmatrix}$

   (3) 0

2. (1) -16

   (2) $(af-be+cd)^2$

3. (1) $x=3,\ y=-1,\ z=-1$

   (2) $x=10,\ y=-10,\ z=5$

5장 일차변환

2. $A\vec{x}=0$의 해는 $\vec{x}=a\begin{pmatrix} -10 \\ -2 \\ 1 \\ 0 \end{pmatrix}+b\begin{pmatrix} 11 \\ 3 \\ 0 \\ 1 \end{pmatrix}$. 따라서 $\ker f=\left[\begin{pmatrix} -10 \\ -2 \\ 1 \\ 0 \end{pmatrix},\begin{pmatrix} 11 \\ 3 \\ 0 \\ 1 \end{pmatrix}\right]$

3. $|A|=8, A^{-1}=\dfrac{1}{8}\begin{pmatrix} 3 & 5 & -2 \\ -5 & 5 & -2 \\ 1 & -1 & 2 \end{pmatrix}$

4. $a^2+b^2=2$이므로

   $(1-a^2)^2+a^2b^2=1, ab(1-a^2)-ab(1-b^2)=0 \Rightarrow \begin{pmatrix} 1-a^2 & ab \\ ab & 1-b^2 \end{pmatrix}$

6장 고유치와 고유벡터

1. $P^{-1}=\begin{pmatrix} -2 & -1 & 1 \\ 1 & -1 & -1 \\ 0 & 2 & 1 \end{pmatrix}$ $\quad P^{-1}AP=\begin{pmatrix} 2 & 0 & 0 \\ 0 & 1 & 0 \\ 0 & 0 & 1 \end{pmatrix}$

2. $\begin{pmatrix} -2 & -1 & 1 \\ 1 & -1 & -1 \\ 0 & 2 & 1 \end{pmatrix}\begin{pmatrix} 1 & 0 & 0 \\ 0 & 2 & 0 \\ 0 & 0 & 3 \end{pmatrix}\begin{pmatrix} 1 & 3 & 2 \\ -1 & -2 & -1 \\ 2 & 4 & 5 \end{pmatrix}=\begin{pmatrix} 6 & 10 & 7 \\ -3 & -5 & -5 \\ 2 & 4 & 5 \end{pmatrix}$

3. (1) $\lambda=0, 3$ (중근) 대각화는 아니다.

(2) $\lambda=1, -1, 2$

$P=\begin{pmatrix} 1 & 1 & 0 \\ 1 & 0 & -1 \\ 1 & 1 & -1 \end{pmatrix}$ $P^{-1}=\begin{pmatrix} 1 & 1 & -1 \\ 0 & -1 & 1 \\ -1 & 0 & -1 \end{pmatrix}$ $P^{-1}AP=\begin{pmatrix} 1 & 0 & 0 \\ 0 & -1 & 0 \\ 0 & 0 & 2 \end{pmatrix}$

4. λ^2이다. 왜냐하면 $A^2\overrightarrow{x}=A(\overrightarrow{Ax})=\lambda A\overrightarrow{x}=\lambda^2\overrightarrow{x}$.

5. $P=\begin{pmatrix} 0 & 1/\sqrt{2} & 1/\sqrt{2} \\ 1/\sqrt{2} & -1/2 & 1/2 \\ 1/\sqrt{2} & 1/2 & -1/2 \end{pmatrix}$, $=y_1^2+(1+\sqrt{2})y_2^2+(1-\sqrt{2})y_3^2$으로 표준화

6. $|A_1|=3$, $|A_2|=5$, $|A|=3$으로 $>0 \Rightarrow$ 양정치 이차형식이다.

찾아보기

저자 소개

최 기 헌
통계학 박사(美, 미시간大)
덕성여자대학교 정보통계학과 교수

R을 이용한 행렬의 이해와 계산

저　　자 최기헌
발 행 인 주정희
발 행 처 자유아카데미
주　　소 경기도 파주시 회동길 37-42
　　　　 파주출판도시
전　　화 031-955-1321
팩　　스 031-955-1322
홈페이지 www.freeaca.com
전자우편 main@freeaca.com (대표)
　　　　 editor@freeaca.com (편집)
　　　　 crm@freeaca.com (영업)
등　　록 제406-2003-017호, 1980. 7. 12
제1판1쇄 2017년 9월 25일 발행
정　　가 19,000원

저자와의
협의하에
인지생략

ISBN 979-11-5808-147-8　93310